JN188524

浦岡　行治［著］

電気書院

[本書の正誤に関するお問い合せ方法は，最終ページをご覧ください]

はじめに

皆さん，こんにちは．生成AIという言葉を聞いたことがありますか？　これは，コンピュータが人間のように考え，創造する力をもつ技術のことを指します．最近では，文章を生成したり，絵を描いたり，音楽を作曲したりするAIが登場し，私たちの生活や社会に大きな影響を与えています．

この本は，高校生の皆さんに向けて，生成AIについてわかりやすく解説することを目的としています．生成AIの基本的な概念から，具体的な活用例，そして未来の可能性までを幅広くカバーしています．難しい技術用語や専門的な知識をできるだけ避け，皆さんが楽しく学びながら理解できるように工夫しました．

私自身，大学で半導体の研究をしてきましたが，生成AIの進化に触れるたびに，その可能性に胸を躍らせています．生成AIは，私たちの想像を超えるスピードで進化しており，これからの未来を形づくる重要な技術の一つです．この本では，生成AIがどのように機能し，どのように活用されているのかを具体的な事例とともに紹介しています．例えば，AIがどのようにして文章をつくり出すのか，または自動運転車がどのようにして安全に運転するのか，といったことを学びます．

さらに，生成AIがもたらす未来の可能性についても考察しています．将来的には，AIが医療分野で新薬の開発を助けたり，環境問題の解決に寄与したりすることが期待されています．これにより，人類の生活はより豊かで便利なものとなるでしょう．一方で，AI技術の進化に伴う倫理的な課題や社会的な影響についても議論が必要です．この本では，そうした問題にも触れながら，バランスの取れた視点で生成AIを理解する手助けをします．

私たちはいま，歴史的な技術革新の時代に生きています．この本が皆さんの学びの一助となり，生成AIに興味をもち，その未来を切り拓く一歩を踏み出すきっかけとなることを心から願っています．生成AIの知識を身につけることで，皆さん自身が未来のクリエイターやイノベーターとして活躍できる可能性が広がるでしょう．

それでは，一緒に生成AIの世界を探求していきましょう！

目　次

生成AIってなあに

1.1　生成AIの定義とその意味するものは

生成AIは，文章や画像，音楽などを自分で「つくり出す」ことができる人工知能（AI）の一種であり，ジェネレーティブAIともいう．普通のAIは与えられた情報をもとに何かを判断することが多いが，生成AIはその名前の通り，新しいものを自分でつくり出すことができる．

作成時のプロンプト
「生成AIが文章や画像，音楽を作り出して，若者を支援しているイメージ」
（出典）「ChatGPT」にて著者作成

図1・1　生成AIでつくられた図

では，どうやってつくり出すのかというと，生成AIは，大量のデータを使って「学習」する．例えば，文章をつくるためには，たくさんの本や記事，ウェブページの内容を学習する．画像をつくる場合は，絵や写真をたくさん見て学ぶ．こうして集めたデータのパターンや特徴を覚えて，新しい作品を自分で組み合わせてつくり上げるのである．

その結果，どんなものがつくれるのかというと，文章をつくることでAIが小説を書いたり，エッセイやニュース記事をつくったりすることができる．また，新しい画像がつくれることで，イラストや写真のようなアート作品，想像の世界の風景などを描ける．さらに音楽もつくれるので，新しい曲をつくったり，楽器の演奏のような音楽を生成したりすることもできる．

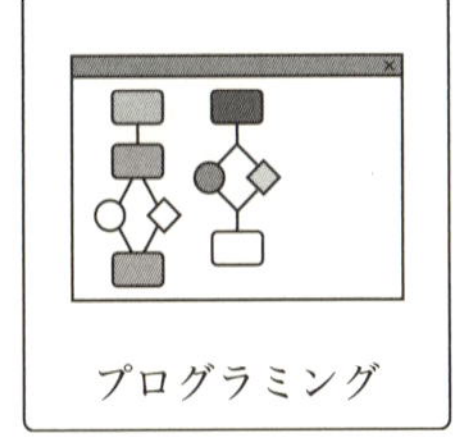

文章

図1・2　生成AI（ジェネレーティブAI）とは？

このように，生成AIは，想像力豊かなクリエイターのように新しい作品を生み出す力をもっているのが特徴である．これからの時代，私たちの生活にさまざまな形で役立つ可能性があり，とても面白い技術である．

生成AIについてさらに詳しく説明しよう．

生成AIは，大量のデータを分析して「パターン」を見つけることで学習する．例えば，先にも述べたように，文章をつくるためにAIは，何百万もの本やウェブページ，記事を読んで，どんな言葉が一緒に使われるか，また文章の組み立て方のルールを学ぶ．同様に，画像を生成するAIは膨大な写真や絵を見て，形や色，構図の特徴を学ぶ．

この学習の過程で，AIは「この言葉のつぎにはこういう言葉がくることが多い」「この色と形はこういうものを表している」という法則を理解し，新しい作品をつくり上げることができるようになる．

続いて生成AIのユニークな特徴について説明する．

まずは，創造性である．生成AIは，人間が考えつかないような文章やアートを生み出すことができる．例えば，「ドラゴンと宇宙船が並んで飛ぶイラスト」や「未来の街並みを描いた文章」など，想像上のものを実現できる．

つぎに効率性だ．通常，何日もかかる作業がAIを使えば数分でできることがある．例えば，企業の広告デザインやゲームの背景制作で，生成AIは大いに役立っている．

また，応用範囲も広い．文章や画像，音楽など多様なメディアを作成できるため，アートだけでなく，教育や医療，ビジネスの分野にも活用が期待されている．

しかし，注意すべき点もある．生成AIの便利さや可能性は大きいが，以下のような課題もある．

作成時のプロンプト「ドラゴンと宇宙船が並んで飛ぶイラスト」
(出典)「ChatGPT」にて著者作成

図1・3　想像上のものを生成AIで作成

それは，倫理的問題である．AIがつくった作品が，既存の作品を真似してしまう場合がある．そのため，著作権の問題やフェイク情報の生成などに注意が必要だ．また，偏りの可能性も指摘されている．学習データに偏りがあると，AIが生成するものにも偏りが出てしまうことがある．公平性や多様性を保つための対策が必要である．生成AIは今後ますます進化し，私たちの生活に密接に関わってくるであろう．若い皆さんが生成AIに興味をもつことで，新しいクリエイティブなアイデアや活用法が生まれるかもしれない．

1.2　AIの歴史と進化

ここで簡単にAIの歴史，すなわちどのように発展したのかを(i)～(vi)の順に説明する．

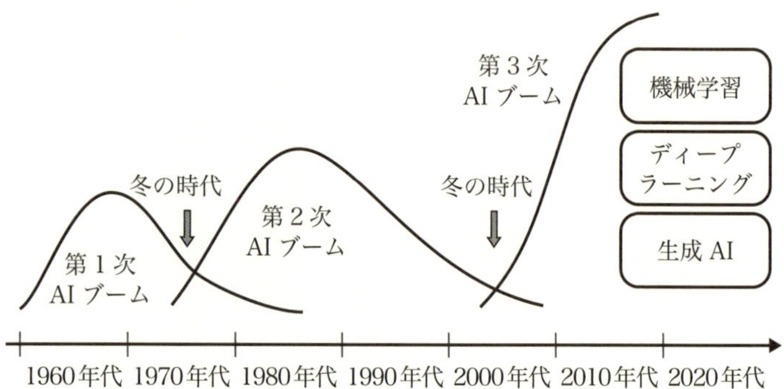

図1・4　AIブーム

(i)　AIの始まり

人工知能（AI）の概念は1950年代に始まった．1956年に行われたダートマス会議で「人工知能」という言葉が初めて使われ，機械が人間のように考え，学ぶことができるというアイデアが議論された．“計算機科学の基礎を築いた”アラン・チューリングは，この時期に「チューリングテスト」を提案し，機械が人間のように知的な行動を示せるかどうかを評価する基準を示した．

(ii)　初期の進展

1950年代と1960年代には，基本的なAIプログラムがつくられた．例えば，チェスをプレイするプログラムや数学の問題を解くプログラムが開発された．しかし，当時のコンピュータは性能が限られていたため，これらのプログラムは簡単な問題しか解決できなかった．

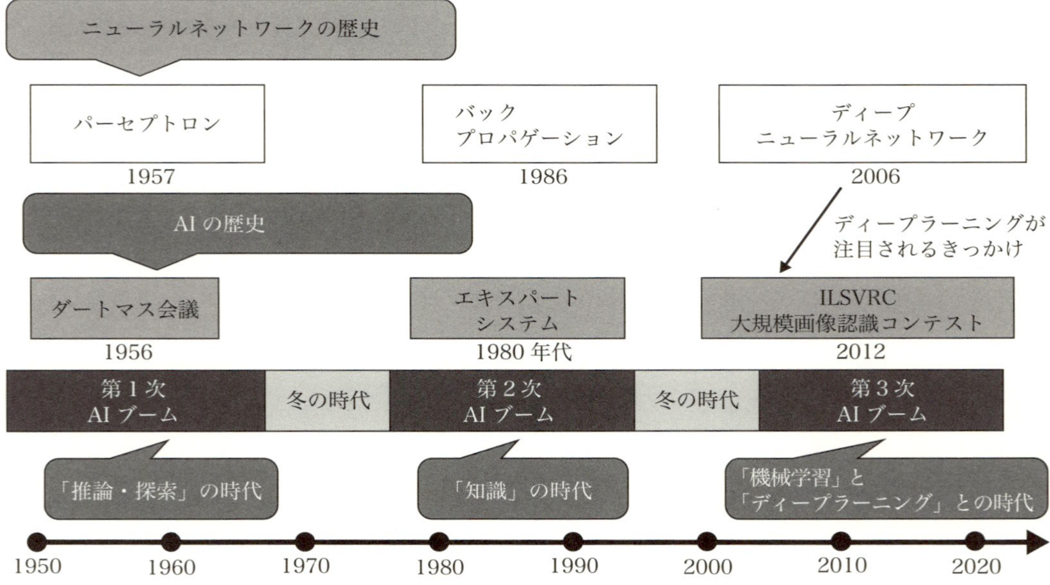
ニューラルネットワークの歴史
パーセプトロン
1957
バック
プロパゲーション
1986
ディープ
ニューラルネットワーク
2006
ディープラーニングが
注目されるきっかけ
AIの歴史
ダートマス会議
1956
エキスパート
システム
1980年代
ILSVRC
大規模画像認識コンテスト
2012
第1次
AIブーム
冬の時代
第2次
AIブーム
冬の時代
第3次
AIブーム
「推論・探索」の時代
「知識」の時代
「機械学習」と
「ディープラーニング」との時代
1950
1960
1970
1980
1990
2000
2010
2020

図1・5　人工知能の進展

(iii) 冬の時代

1970年代から1980年代にかけて，AIの研究は「冬の時代」と呼ばれる停滞期に入る．この時期には，AIの発展が期待ほど進まなかったため，資金が減少し，研究が停滞した．エキスパートシステムと呼ばれる特定の知識をもつシステムが開発されたが，汎用性に欠けていた．

(iv) 復活とニューラルネットワーク

1980年代後半から1990年代にかけて，ニューラルネットワークという新しいアプローチが注目され始めた．ニューラルネットワークは，人間の脳の神経細胞（ニューロン）を模倣したモデルで，より高度な学習能力をもつことが期待された．これにより，音声認識や手書き文字認識などの分野で進展が見られた．

(v) 2000年代，インターネットとビッグデータ

2000年代に入ると，インターネットの普及とコンピュータの性能向上により，大量のデータが利用可能になり，AIの研究が再び活発になる．特にディープラーニングと呼ばれる技術が進化し，画像認識や音声認識などの分野で大きな成果を上げた．例えば，2012年には，ディープラーニングを用いた画像認識コンペティションで劇的な性能向上が示され，AIの可能性が広く認識された．

(vi) 現在と未来

現在，AIは日常生活の多くの場面で使われている．スマートフォンの音声アシスタント，自動運転車，医療診断システムなどがその例だ．AI技術はますます進化しており，特に自然言語処理や強化学

習の分野での進展が期待されている．また，倫理的な問題や社会的影響についても議論が進んでいる．

1.3　現代社会におけるAIの重要性

AIは，さまざまな分野で人々の生活を豊かにするために活躍している．具体的な事例を見てみよう．

(i)　AIの具体的な事例

(1)　身近な生活の中での便利さ

AIは，私たちの日常生活をより便利にしている．例えば，スマートフォンの音声アシスタントや，自動翻訳アプリ，音楽のおすすめプレイリストなど，あなたも知らず知らずのうちにAIの恩恵を受けているかもしれない．

(2)　医療での活躍

AIは，医療の現場でも重要な役割を果たしている．例えば，病気を診断するための医療画像を分析したり，新薬の開発をサポートしたりするなど，医師が患者を効率的に治療できるようにするために使われている．

(3)　交通・物流の最適化

自動運転車や物流ネットワークの効率化にもAIは使われている．自動運転車は，安全で効率的な移動手段を提供し，将来的には交通事故の低減や高齢者の移動支援に役立つと期待されている．物流の最適化では，荷物の配送を効率的に行い，より早く確実に商品が届けられるようにしている．

⑷　ビジネスでの生産性向上

企業はAIを使って顧客の好みやニーズを理解し，より良い製品やサービスを提供できるようにしている．例えば，オンラインショップで表示される商品がおすすめ順に並べられるのも，過去の購入履歴からAIがユーザーの好みを分析しているからである．

⑸　教育のサポート

AIは，教育の分野でも役立っている．生徒一人ひとりの理解度に合わせた学習プランを提供するなど，より個別化された指導を行うことが可能である．これにより，生徒が自分のペースで学びやすくなるほか，教師が授業の計画を立てる手助けにもなる．

身近な生活の中で

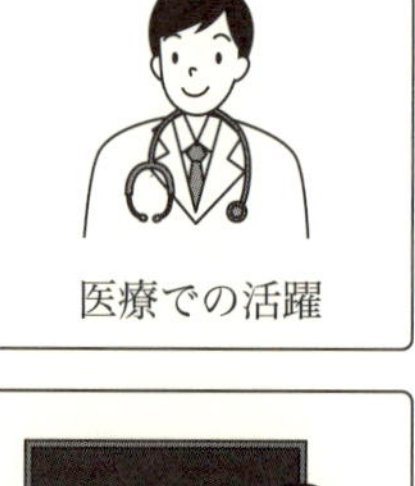

教育のサポート

環境への貢献

図1・6　AIの活用事例

(6)　環境への貢献

AIは，地球環境の保護にも貢献している．気候変動の予測や，エネルギーの効率的な利用，農作物の生育状態の監視などで使われ，地球環境を守りながら持続可能な発展を目指すことが可能である．このように，AIは私たちの生活を向上させるだけでなく，社会全体をより良くするためのツールとして大きな役割を果たしている．AIの発展とその使い方によって，これからの世界はさらに豊かで多様なものになるであろう．

現代社会におけるAIの重要性について，さらに詳しく説明する．

(ii)　AIの重要性

(1)　社会全体の安全性の向上

AIは，以下のように安全性を高めるためにも役立っている．

・監視システム

AIを使った監視カメラは，異常な動きや不審な行動をすばやく検知し，警備員や警察に警報を送ることができる．

・自然災害の予測

気象データや地質データを分析することで，台風や洪水，地震などの自然災害を予測し，被害を最小限に抑えるための防災対策に使われている．

・新しい職業の創出

AIの発展は，従来の仕事が減る反面，新しい職業も生み出している．

・AIエンジニア

AIを開発・運用するための技術者や研究者の需要は増え続けている．

・データサイエンティスト

AIの訓練に使うデータを整理し，活用する専門家が必要とされている．

・クリエイター

生成AIの力を借りて，新しいアートやデザインを生み出すクリエイターも増えている．

(2)　科学の進歩

AIは科学技術の進歩を加速している．

・医薬品の開発

膨大なデータから新薬の候補となる物質を見つけ出し，医薬品の開発期間を短縮する．

・宇宙探査

宇宙探査機の制御や，惑星の地表のデータ分析など，宇宙開発にもAIが使われている．

・材料科学

AIは新しい合金や化合物の開発にも使われ，より軽く強い素材を探すことに役立つ．

・気候変動

AIは，気候データを分析し，将来の気候パターンを予測するために使われ，気温上昇や降水量の変化など，気候変動の影響をより正確に予測する．

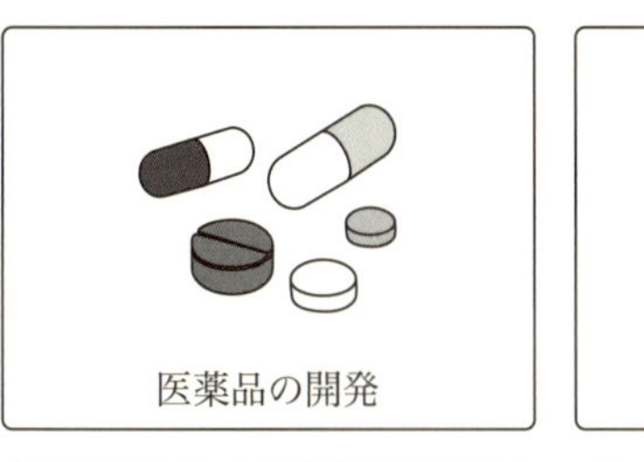

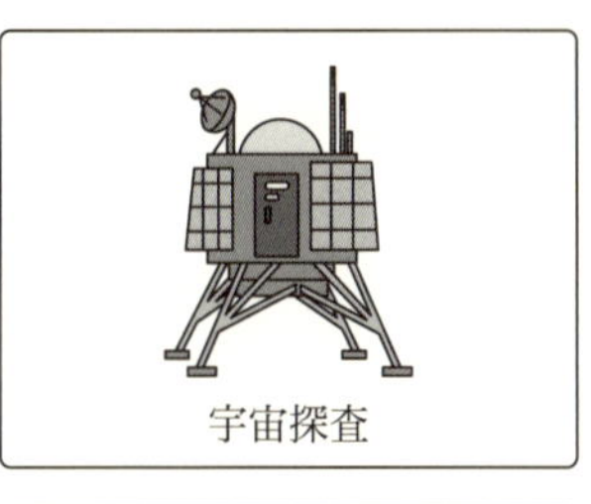

図1・7　AI は科学技術の進歩を加速

(3)　社会問題の解決

AI は，さまざまな社会問題の解決にも一役買っている．

・高齢化問題

自動運転車や介護ロボットは，高齢者の自立した生活や移動のサポートに使われている．

・食糧問題

AI は農業の生産性を向上させ，作物の病害の早期発見や効率的な灌漑を行うことができる．

・貧困問題

AI を使って地域のインフラ整備や教育の提供を効率化し，より多くの人に基礎的なサービスを届けることができる．

図1・8　AIはさまざまな社会問題を解決する

・地域格差

AIは，地方の中小企業や農家が市場情報にアクセスしやすくすることで，経済活動を活性化させ，都市部との経済格差が緩和され，地域全体の発展が促進される．

このように，AIは現代社会のさまざまな分野で役立っており，今後もますますその重要性が高まっていくであろう．高校生としても，この技術を学ぶことで将来の可能性が広がる．

1.4　AIにより引き起こされる社会的課題

これまで説明してきたようにAIの進化は人類に多大な利益や幸福をもたらすが，一方で深刻な課題も認識すべきである．それは，エネルギー問題と軍事兵器への応用だ．

(i)　エネルギー問題

まず，エネルギー問題について説明する．

(1)　データセンターの増加

AIの学習や実行には大量の計算が必要であり，それを支えるのがデータセンターだ．データセンターは，大量のデータを保管し，処理するための特別な場所．たくさんのコンピュータ（サーバ）やネットワーク機器，データを保存する装置が集まっていて，インターネットや会社のネットワークを通じてデータのやり取りをしている．コンピュータが熱くなりすぎないように冷やしたり，停電しても動き続けられるように電力を管理したり，データが安全に保たれるよ

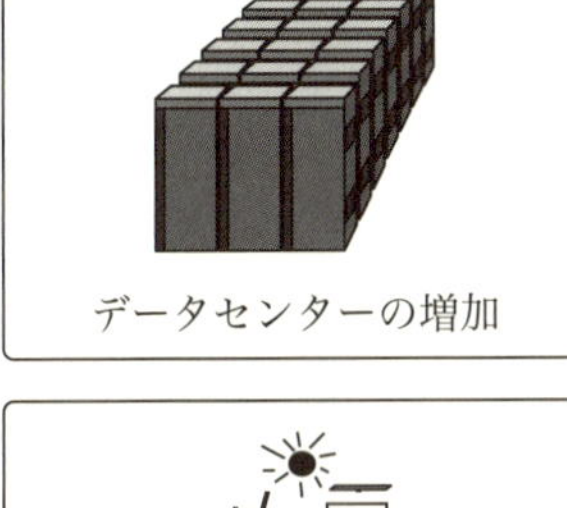

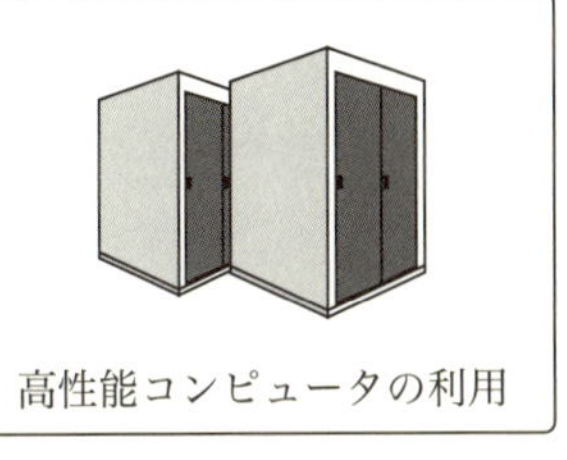

図1・9　AIによって引き起こされる課題と対策

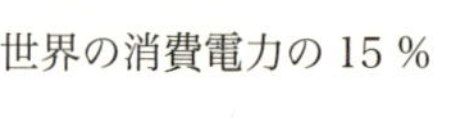

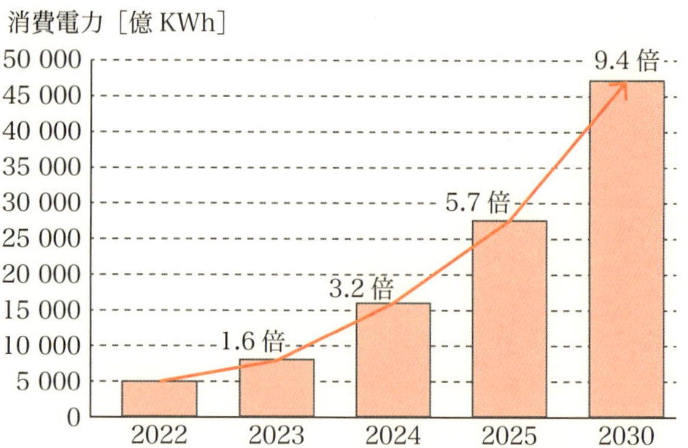

図1・10　データセンターの電力消費量[1]

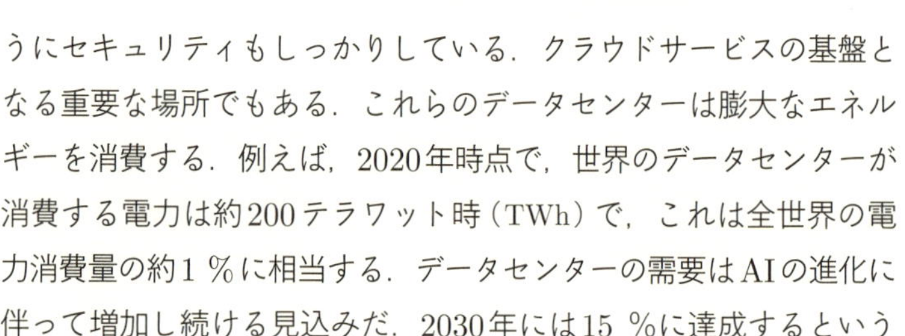

うにセキュリティもしっかりしている．クラウドサービスの基盤となる重要な場所でもある．これらのデータセンターは膨大なエネルギーを消費する．例えば，2020年時点で，世界のデータセンターが消費する電力は約200テラワット時（TWh）で，これは全世界の電力消費量の約1 %に相当する．データセンターの需要はAIの進化に伴って増加し続ける見込みだ．2030年には15 %に達成するという予測もある．

(2)　高性能コンピュータの利用

AIモデルの訓練には，高性能コンピュータ（スーパーコンピュータ）が使われる．これらのコンピュータは，通常のコンピュータよりもはるかに多くの電力を消費する．例えば，世界で最も強力なスーパーコンピュータの一つである「フガク」は，最大28メガワット（MW）の電力を消費する．ディープラーニングのような大規模なAIモデルの訓練には，数千キロワット時（kWh）のエネルギーが必要になることがある．

⑶　冷却システムの必要性

データセンターや高性能コンピュータは動作中に大量の熱を発生する．そのため，これらのシステムを冷却するためのエネルギーも必要になる．冷却にかかるエネルギーは，データセンターの総エネルギー消費の約40 %を占めると言われている．効率的な冷却システムを導入することで，エネルギー消費を大幅に削減することが可能だ．

⑷　持続可能なエネルギーの重要性

エネルギー問題を解決するためには，再生可能エネルギーの利用が重要だ．例えば，Googleは2025年までにデータセンターの100 %再生可能エネルギー利用を目指している．太陽光発電や風力発電など，環境に優しいエネルギー源を利用することで，データセンターや高性能コンピュータのエネルギー消費を賄うことができる．

⑸　エネルギー効率の向上

AI技術そのもののエネルギー効率を向上させることも必要だ．例えば，より少ない計算量で同じ性能を発揮できるアルゴリズムの開発や，省エネ設計のハードウェアの使用などが考えられる．現在のAIチップのエネルギー効率は年々向上しており，NVIDIAの最新のGPUは，前世代と比べて約2倍のエネルギー効率を実現している．

(ii)　兵器への応用

次に軍事兵器の出現について説明する．

(1)　AI兵器の現状

AI技術が進化するにつれて，兵器にも応用されつつある．これは，軍事分野での効率性や精度を高めるためだ．AI兵器の例としては，ドローン，ロボット兵士，ミサイルシステムなどがある．これらの兵器は，人間の操作を必要とせず，自律的に目標を見つけ，攻撃する能力をもつ．

(2)　ドローンと自律型兵器

ドローンは，無人航空機として既に広く使われている．例えば，アメリカ軍はAIを搭載したドローンを使って敵のターゲットを自動で識別し，攻撃するシステムを開発している．このようなドローンは，時速数百キロメートルで飛行し，数百メートルの高さから精密な攻撃が可能だ．

(3)　ロボット兵士

ロボット兵士も開発が進んでいる．ボストン・ダイナミクスのような企業は，高度なAIを搭載したロボットを開発している．これらのロボットは，険しい地形でも自在に移動でき，戦闘任務を遂行する能力をもつ．現在のロボット兵士の移動速度は人間の歩行速度とほぼ同じで，さらに武装も可能だ．

(4)　ミサイルシステム

AIはミサイルシステムの精度と効果を向上させるためにも使われている．例えば，ロシアはAIを利用して目標の追尾と攻撃を自動化

作成時のプロンプト「生成AIが武器として使われた兵士のイメージ」
(出典)「ChatGPT」にて著者作成

図1・11　ロボット兵士

するミサイルシステムを開発している．このシステムは，秒速数キロメートルで飛行し，目標に対して極めて高い精度で攻撃を行うことができる．

(5)　倫理的問題と規制

AI兵器の開発には，倫理的な問題が伴う．自律型兵器が誤ったターゲットを攻撃するリスクや，人間の制御を完全に離れて攻撃を行うことの是非が問われている．国際的には，AI兵器の開発と使用を規制するための条約や協定が検討されている．現在，AI兵器の使用を禁止する条約は存在しないが，多くの国がその必要性を訴えている．

(6)　数値と影響

AI兵器の開発には巨額の資金が投入されている．例えば，アメリカは2020年度に約71億ドル（約7 700億円）をAI関連の軍事技術に費やしている．また，AI兵器の市場規模は2025年までに約200億ドル（約2.2兆円）に達すると予測されている．

このように，AI技術は兵器の分野でも急速に応用されつつある．ドローン，ロボット兵士，ミサイルシステムなどのAI兵器は，軍事作戦の効率性と精度を大幅に向上させる．しかし，その一方で倫理的な問題や規制の必要性も高まっている．AI兵器の開発と使用には，慎重な検討と国際的な協力が求められている．

2 生成AIの基礎

本編では，生成AIの基礎として，AIがどうやって学習するのか，またはどんな仕組みで動いているのかについて，考えてみよう．

2.1　生成AIの基本～AIはどうやって学習するの？～

AIは機械学習（Machine Learning）という方法を使っている．機械学習は，コンピュータがデータから「学ぶ」方法のことである．人間がコンピュータに「これはこう動きなさい」と指示するのではなく，大量のデータを見せて自分で判断できるようにするのが特徴である．つまり，機械学習とはデータの“特徴”をつかみ“法則化”し，その法則を“自動化”するものである．

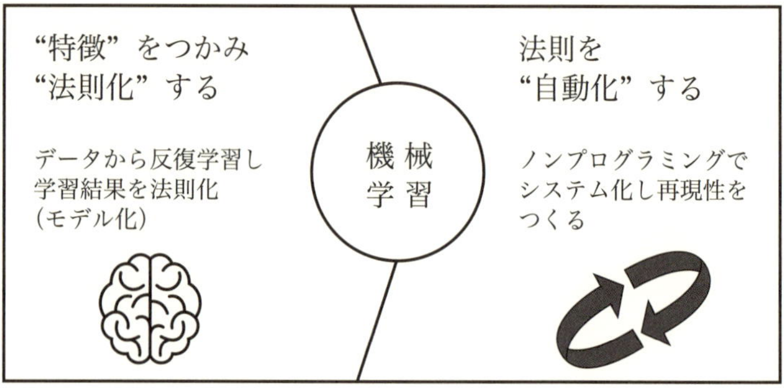

“特徴”をつかみ
“法則化”する

データから反復学習し
学習結果を法則化
（モデル化）

機械
学習

法則を
“自動化”する

ノンプログラミングで
システム化し再現性を
つくる

図2・1　機械学習ってなんだ？

例えば，機械学習で猫と犬の画像を見分ける場合，猫や犬の写真を大量に見せると，AI はそれぞれの動物の特徴（耳や尻尾の形，毛の色など）を覚えて，自動的に新しい画像が猫か犬かを判断できるようになる．

もう少し詳しく機械学習の仕組みや手順について説明しよう．

・データの収集

最初に，AI が学ぶためのデータを集める．例えば，猫と犬を見分けるなら，それぞれの動物の画像を大量に用意する．

・データの学習

次に，AI がデータのパターンを学ぶ．猫の画像には耳の形や尻尾の長さなど特定のパターンがあると認識し，犬の画像と区別できるようになる．

・予測

学習が終わると，AI は新しいデータ（画像）を見て，どちらが猫でどちらが犬か予測できるようになる．

2.2　機械学習と深層学習の仕組み

大まかには機械学習というのは，いま述べたとおりであるが，その中の一つで，最も基本的で重要なものに深層学習（Deep Learning）というのがある．深層学習は，機械学習の中でも特に「ディープニューラルネットワーク（DNN）」という技術を使って，より複雑なパターンを見つけ出す方法である．人間の脳の神経細胞（ニューロン）の仕組みをまねた「ニューラルネットワーク」を何層も積み重ねたものである．

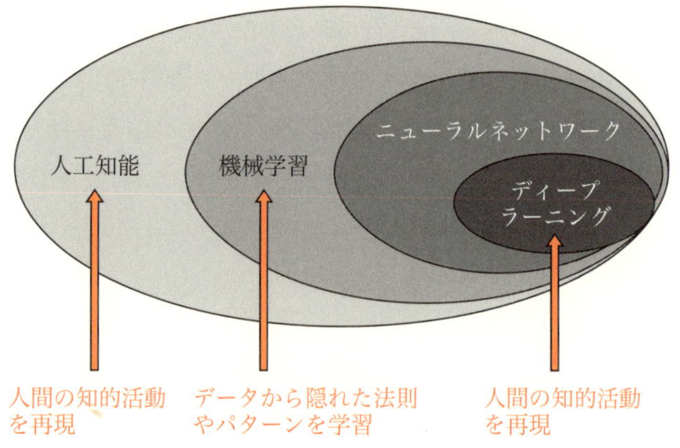

図2・2　機械学習とディープラーニング

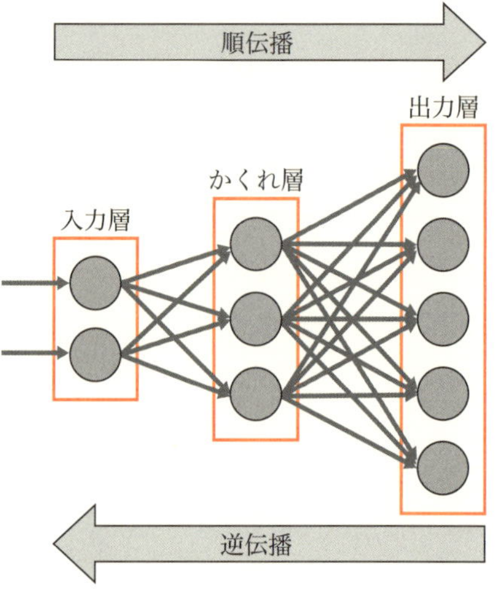

図2・3　深層学習の仕組み

では，その深層学習について詳しく説明しよう．

・ニューラルネットワーク

情報が多層のネットワークを通過し，各層で特徴を抽出する．最初の層ではシンプルな特徴（線や色のパターン），次の層ではもっと複雑な形（例えば耳の形），さらに次の層では全体の姿（猫全体の形）を認識するようになる．

・特徴の抽出と学習

データが層を通りながら，重要な特徴が少しずつ抽出される．各層の重み（どの特徴が重要か）は大量のデータを使って調整されるので，最終的に高精度で予測が可能になる．

このように機械学習も深層学習もデータをもとにして，コンピュータが自分で学んで予測を行う技術である．深層学習は多くのデータやコンピュータの計算能力を必要とするが，画像認識や自動運転，言語翻訳など，より複雑で高度なタスクを解決できるため，多くの分野で使われている．

(i)　機械学習と深層学習の仕組み～基礎編～

機械学習と深層学習の仕組みについて，もう少し詳しく見てみよう．

(1)　機械学習

機械学習は次のステップで学習機能を高める．

(a)　モデルの選択

最初に，与えられた問題に対して適切なアルゴリズム（モデル）を選ぶ．例えば，ものの分類には「決定木」や「サポートベクターマシン（SVM）」，データ内のパターンを見つけるには「クラスター分析」などが使われる．さらに，回帰問題には「線形回帰」や「ランダムフォレスト回帰」などが適している．

(b)　トレーニングデータの準備

機械学習モデルを訓練するために，ラベル付けされたデータ（例：猫と犬の画像）や，ラベルがなくてもパターンを見つけるための大量のデータを集める．データの前処理（クリーニング，標準化，正規化など）も重要なステップである．

(c)　モデルの訓練

集めたデータを使って，モデルを訓練する．モデルは入力データのパターンを学び，正確に分類や予測ができるようになる．訓練に

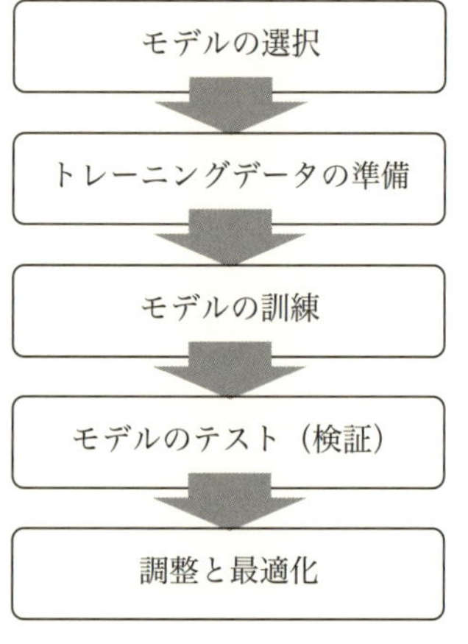

図2・4　機械学習のステップ

は，データセットをトレーニングセットと検証セットに分けて行う．

(d)　モデルのテスト（検証）

訓練したモデルが実際のデータでどのくらい正確かを確認するため，訓練には使っていない新しいデータ（テストデータ）を使ってテストする．これにより，モデルの汎化性能（新しいデータに対する適応力）を評価する．

(e)　調整と最適化

モデルの精度が低い場合は，アルゴリズムを微調整したり，ハイパーパラメータの最適化（例：グリッドサーチ，ランダムサーチなど）を行ったり，追加のデータで再訓練したりする．また，異なる特徴量を追加したり，特徴量の重要性を評価してモデルを改善したりする．

(2)　深層学習

一方，深層学習は，通常の機械学習よりも複雑な「ディープニューラルネットワーク（DNN）」を使って，より高度なパターンを見つけ出す方法である．

(a)　多層のネットワーク

深層学習モデルは，数十から数百もの層で構成された「多層のニューラルネットワーク」でできている．これらの層は，簡単な形状から複雑なオブジェクトまで，段階的に特徴を抽出する．

(b)　順伝播と逆伝播

・順伝播

入力データが層ごとに通過し，それぞれの層で特徴が抽出される．

・逆伝播

最終的な結果と正解の誤差をもとに，ネットワーク内の重みを逆方向に調整し，次回の予測がより正確になるようにする．

(c)　大量のデータと計算力

深層学習は非常に多くのデータと計算能力を必要とする．訓練データが多ければ多いほど，モデルは複雑なパターンを理解し，より正確に分類や予測ができるようになる．

まとめると，機械学習は，過去のデータをもとに予測や判断をする技術であり，深層学習はその機械学習をさらに進化させたものである．深層学習は多層のネットワークを使うことで，人間の脳のように高度なパターン認識が可能になり，画像認識，自然言語処理，自動運転車など，多くの分野で応用されている．

(ii)　機械学習と深層学習の仕組み～応用編～

機械学習と深層学習の違いや仕組みについて，さらに深く説明する．機械学習の特徴は以下にようになる．

(1)　機械学習

(a)　教師あり学習と教師なし学習

機械学習にはいくつかの学習方法がある．

・教師あり学習

正解がわかっているデータ（ラベル付きデータ）を使って訓練し，新しいデータに対して分類や予測を行う．例えば，画像に「犬」「猫」などのラベルが付いているデータを使ってモデルを訓練し，新しい画像が犬か猫かを判断させるような方法である．

・教師なし学習

ラベルのないデータから，自動的にパターンや特徴を見つけ出す方法である．クラスター分析などで，データの中から似たものをグループ化するなどが行える．

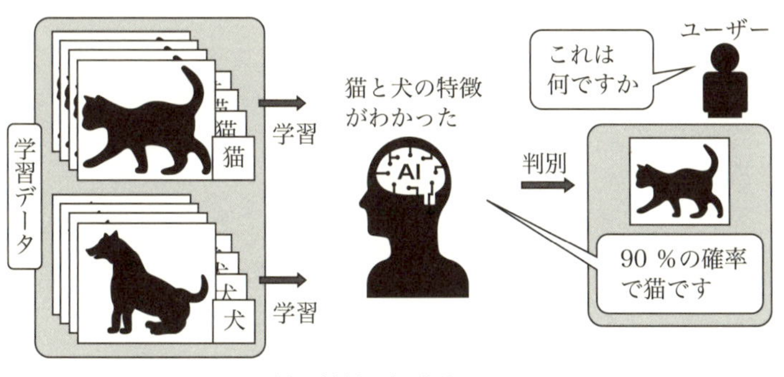

(a)　教師あり学習とは

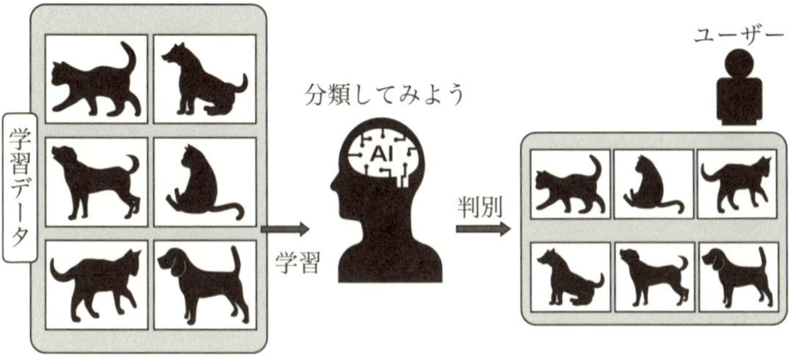

(b)　教師なし学習とは

図2・5　教師あり学習と教師なし学習の違い

(b)　アルゴリズムの選択

問題の種類に応じて，適切なアルゴリズムを選択することが重要である．

・線形回帰

数値データをもとに，将来の値を予測するアルゴリズムである．例えば，過去の気温データを使って，翌日の気温を予測するような使い方ができる．

・決定木

一連の質問をして分類するアルゴリズムである．例えば，「花の色は何色か？」といった質問に対して，次の質問を選んで，最終的に花の種類を決定する．

・サポートベクターマシン（SVM）

多次元のデータの中から，異なるクラス（カテゴリ）を線引きして分類する手法である．

(2)　深層学習

一方，深層学習の特徴は以下になる．

深層学習は，機械学習の一種であるが，より高度で複雑なアルゴリズムである．特に「多層ニューラルネットワーク」を使うことで，複雑なデータのパターンを見つけ出すことができる．そのニューラルネットワークには，次の種類が存在する．

(a)　畳み込みニューラルネットワーク（CNN）

画像認識に優れたネットワーク構造で，複数のフィルタを使って，画像のエッジやパターンなどを抽出する．プーリング層を組み合わせ，サイズを縮小し，重要な情報を保持する．これにより，動物の顔や車などの特定の物体を正確に見つけられる．

(b)　リカレントニューラルネットワーク（RNN）

時系列データを扱うのが得意な構造で，連続したデータの流れを考慮して学習する．例えば，過去の文章の流れに基づいて，次に来るべき単語を予測したりするのに使える．通常のニューラルネットワークは，入力が一度に与えられ，それに基づいて出力を決定する．しかし，RNNは過去の入力を記憶し，それを次の入力と組み合わせて処理する．これにより，時間の流れを考慮してデータを処理することができる．

(c)　トランスフォーマー

2017年にGoogleが提案した自然言語処理（NLP）のための革新的なアーキテクチャである．自然言語処理や画像生成で使われるモデルで，入力文の各単語間の関係を効果的にとらえることができる

畳み込みニューラルネットワーク（CNN） 画像認識に優れたネットワーク	リカレントニューラルネットワーク（RNN） 時系列データを扱うのが得意なネットワーク
トランスフォーマー 自然言語処理や画像生成で使われるネットワーク	フィードフォワードニューラルネットワーク 入力層から出力層に情報が一方向に流れるネットワーク

図2・6　ニューラルネットワークの種類

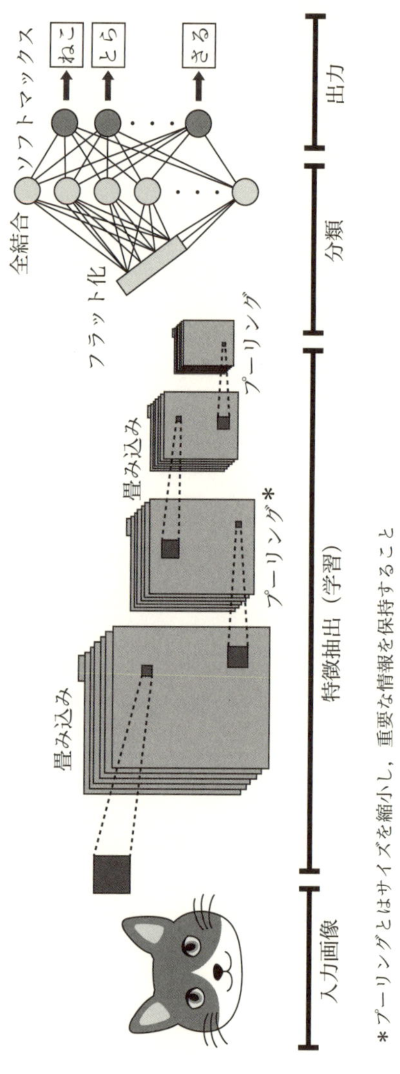

図2・7　畳み込みニューラルネットワーク（CNN）とは？

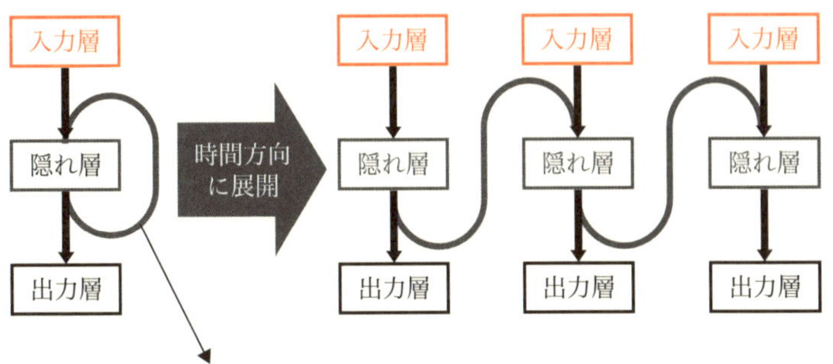

図2・8　リカレントネットワーク（RNN）とは？

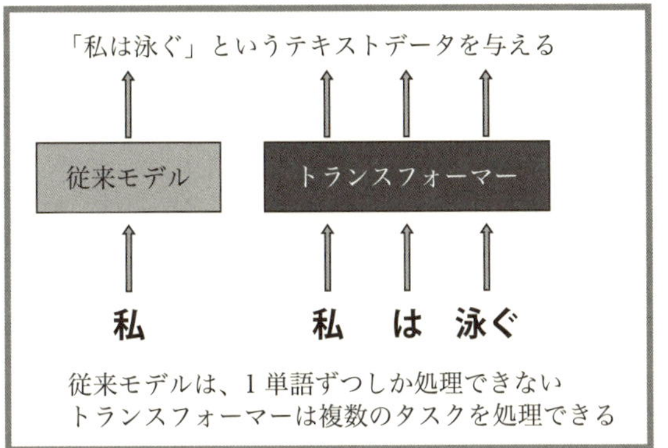

図2・9　従来モデルとトランスフォーマーの比較

ので，文章や画像の一部から全体のパターンを予測する．トランスフォーマーモデルの進化で，GPTなどの強力な言語生成AIが可能になった．

(d)　フィードフォワードニューラルネットワーク

脳の働きを模した計算モデルで，データを入力から出力まで一方向に流す．複数の「層」を通じてデータを処理し，各層で数値を計算しながら次の層に伝えることで，問題の解答を導き出すように学習する．例えば，画像の分類や音声の認識などに利用される．

(iii)　機械学習と深層学習の仕組み～深層編～

ここで，機械学習と深層学習の違いについてさらに説明する．

・データの量と質

深層学習は多層のネットワークを使用するため，大量のデータと計算リソースが必要である．機械学習は比較的少ないデータでも実用的に利用できる．

・特徴の抽出

機械学習では特徴（パターン）を人間が選び，モデルに学習させるが，深層学習は自動的に特徴を見つけ出し，より正確な予測を行える．

・用途の違い

機械学習は比較的単純な問題（例：商品の売り上げ予測など）に適しているが，深層学習は画像認識や自動運転などの高度で複雑な問題に対応できる．

表2・1　機械学習と深層学習の違い

	機械学習	深層学習（ディープラーニング）
データの量と質	比較的少ない	大量のデータと計算リソース
特徴の抽出	パターンを人間が選び モデルに学習させる	自動的に見つけ，正確に予測
用途の違い	単純な問題	画像認識や自動運転など

機械学習と深層学習の違いに関して，理解を深めることで，AIの仕組みやその応用範囲をより広く知ることができる．

2.3 ニューラルネットワークの基本原理

これまで学んできた深層学習においてその基盤となるニューラルネットワークの基本原理を，よりわかりやすく説明する．

ニューラルネットワークは，脳の神経細胞（ニューロン）をモデルにしたアルゴリズムで，情報を処理したりパターンを見つけたりするものである．これにより，AIが複雑な問題を自動的に解決できるようになる．

(i) ニューラルネットワークの仕組み

ここで，ニューラルネットワークの仕組みについて説明する．

(1) ニューロン（ノード）

脳の神経細胞のように，ニューラルネットワークの基本単位は「ニューロン」または「ノード」と呼ばれる．ノードは入力データを受け取り，その情報をほかのノードに送る．各ノードには「重み（ウェイト）」があり，情報の重要性を判断する役割を果たす．

(2) 層（レイヤー）

ニューラルネットワークは，複数のノードが集まった「層（レイヤー）」で構成される．

・入力層

　最初の層で，外部から入ってくるデータを受け取る．例えば，画像認識の場合はピクセルの色や明るさなどが入力される．

・隠れ層

　入力層と出力層の間にある層で，ここで情報が処理され，重要な特徴が抽出される．多層の隠れ層をもつネットワークを「ディー

生体ニューロン
ニューロン同士
で接続
シナプス
ニューロン
AI
生体ニューラル
ネットワーク
模倣
人工ニューロン
入力 1
入力 2
入力 3
重み 1
重み 2
重み 3
Σ
活性化関数
出力
人工ニューラル
ネットワーク
ニューロンを接続する層
を深くしていく
入力層
(1 層)
隠れ層
(2 層)
隠れ層
(3 層)
出力層
(4 層)
層
(レイヤー)
ディープニューラルネットワーク

図 2・10　ニューラルネットワークの仕組み

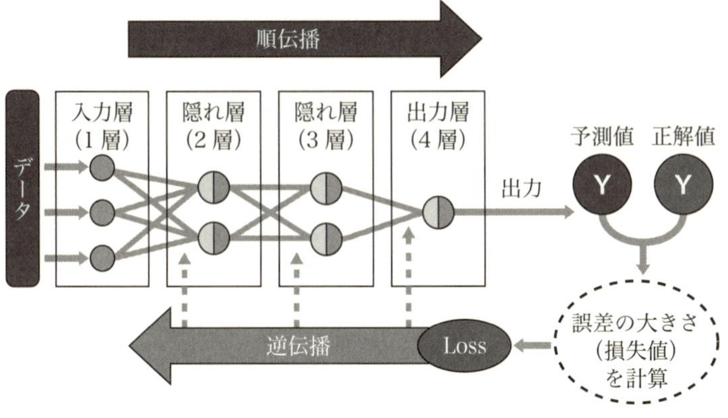

図2・11　ディープニューラルネットワーク

プニューラルネットワーク」と呼ぶ.

・出力層

最終的な結果を出す層で，例えば「猫」や「犬」のように分類結果を表示する.

(3)　情報の流れ

ニューラルネットワーク内での情報の流れは，次のようなステップで行われる.

・入力層

データがネットワークに入力され，最初の層で処理が始まる.例えば，画像ならピクセルデータ，音声ならサウンドデータ，テキストなら文章の単語が入力される.

・隠れ層

入力層から送られてきた情報が，隠れ層を通過しながら次第に複雑なパターンを抽出していく．例えば，画像認識の場合は，最初の隠れ層でエッジや線，次の層で特定の形や輪郭など，段階的に抽出される．

・出力層

隠れ層を経て，最終的に出力層で予測や分類の結果が出る．例えば，与えられた画像が「猫」か「犬」といった判定結果が表示される．

(4) 誤差の修正

最初の予測が間違っていた場合，その「誤差（エラー）」を使ってネットワークの重みを調整し，次の予測がより正確になるようにする．この「逆伝播」と呼ばれる手法で，ニューラルネットワークは訓練される．

ここでいったん，ニューラルネットワークについて簡単にまとめる．ニューラルネットワークは，脳の神経細胞の仕組みを模倣した構造をもつため，画像認識や自然言語処理などで人間のように情報を処理できる．入力層で受け取ったデータを，隠れ層で加工し，出力層で予測や分類を行うという仕組みで，間違いを修正しながら学習するため，使えば使うほど賢くなるのが特徴である．

(ii) ニューラルネットワークの基本原理

ニューラルネットワークの基本原理について，もう少し詳しく説明する．

(1)　ノードの働きと重み

ノード（ニューロン）は，数値のデータを受け取って次のノードに渡す役割を担う．

・入力

ノードには，ほかのノードからの数値の信号が送られてくる．これが「入力データ」である．例えば，画像認識の場合，入力は画像のピクセル情報になる．

・重み

各入力には「重み（ウェイト）」が設定されている．この重みは，入力データの重要度を示し，どれだけ重要な情報かを判断するのに使う．

・バイアス

重みとは別に「バイアス」という調整用の数値が加えられ，ノードの出力に影響する．

・活性化関数

入力に重みを掛けた合計値をもとに，ノードの出力がどのような値になるかを決めるのが「活性化関数」である．例えば，一定の閾値（しきいち）を超えた場合にのみ出力するような関数がある．

(2)　逆伝播による学習

ニューラルネットワークの学習は，「逆伝播（バックプロパゲーション）」という方法で行われる．

① 予測：最初に入力されたデータで予測を行い，結果を出す

↓

②　誤差の計算：予測結果と正解との違い（誤差）を計算する

↓

③　重みの調整：この誤差をもとに，各ノードの重みを調整する．誤差が小さくなるように，逆方向に重みを修正する

①〜③のプロセスを繰り返すことで，ニューラルネットワークはデータから正確にパターンを見つけ，予測の精度を上げていく．ここで述べたことをまとめると以下になる．

ニューラルネットワークは，脳のニューロンを模倣して情報を処理し，重みと活性化関数を使って次のノードへ信号を送る．隠れ層を経て複雑な特徴を学習し，逆伝播によって誤差を調整するため，使えば使うほど精度が上がるのが特徴である．

2.4　生成モデルの基本的な仕組み

それでは，いよいよ生成AIの核心ともいえる生成モデルについて詳しく説明しよう．生成モデルは，新しいデータ（文章や画像，音楽など）を「生成」するためのAIモデルである．簡単に言うと，「データを学習して，それに似た新しいデータを自分でつくり出すAI」と考えれば良いだろう．

(i)　生成モデルの仕組みについて

生成モデルの仕組みについて，以下に説明する．

(1) 学習フェーズ

生成モデルは最初に「学習」をする．膨大なデータを使って，AIがデータの特徴やパターンを学ぶ．例えば，文章を生成するためのモデルなら，たくさんの文章データを読んで「言葉の使い方」や「文章の構成」を覚える．画像を生成するモデルなら，何万枚もの写真や絵を見て「形や色のパターン」を学ぶ．

(2) 生成フェーズ

学習したデータの特徴を使って，新しいデータをつくる．例えば，言葉の特徴を学習したAIは，質問に対する新しい文章をつくったり，画像の特徴を覚えたAIは，入力されたキーワードに基づいてまったく新しいイラストを描いたりできる．

(ii) 代表的な生成モデル

それでは，代表的な生成モデルについて紹介しよう．

(1) GAN（生成対向ネットワーク）

GANは，二つのAI（生成器と判別器）がお互いに競争するような形で新しいデータをつくり出すモデルである．

・生成器

偽のデータをつくり出す．例えば，「偽の風景写真」や「偽の人の顔」を生成する．

・判別器

生成器がつくった偽のデータと，本物のデータを見分けようとする．生成器と判別器が競争することで，生成器はどんどん本物

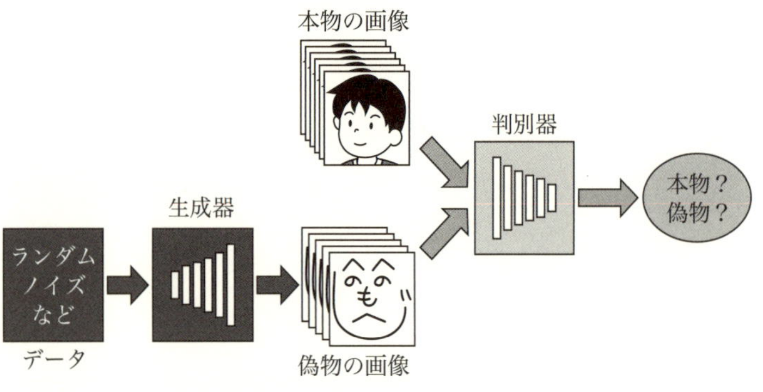

図2・12　GANのイメージ

に近いデータをつくれるようになり，最終的には本物と区別がつかないくらいリアルなデータが生成できる．

(2)　オートエンコーダ

オートエンコーダは，データの特徴を圧縮して覚え，それに似たデータを再構築するモデルである．

・エンコーダ

　データを特徴的な部分だけに圧縮する部分である．

・デコーダ

　圧縮された特徴をもとに，新しいデータを再構築する．

これらにより，似たような構造をもつ新しいデータが生成できるようになる．

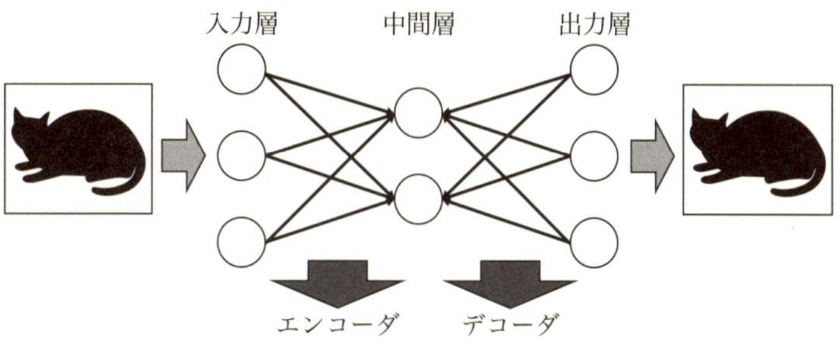

図2・13　オートエンコーダ

(3)　トランスフォーマー

トランスフォーマーは，文章や画像などの「連続したデータ」を処理するのに優れたモデルである．たくさんの文章や画像を学習し，次にどんな言葉やピクセルが来るかを予測しながら，新しいものをつくり出す．GPT（Generative Pre-trained Transformer）などはその代表例で，質問に答える文章や物語を書くことができる．

2.5　量子コンピュータによるAI機能の加速

生成AI（Generative AI）と量子コンピュータ（Quantum Computing）の関係について解説する．

量子コンピュータは，量子もつれなどのような量子力学の性質を利用して情報を処理する新しいタイプのコンピュータ．従来のコンピュータがビット（0または1）を使用して情報を表現するのに対し，

2.5 量子コンピュータによるAI機能の加速

量子コンピュータは量子ビット（キュービット）を使用し，0と1の両方の状態を同時に取ることができる．この特性により，非常に高い並列計算能力をもち，特定の問題に対して非常に効率的な解決策を提供する．

量子コンピュータが生成AIの進化にどのように影響するか述べる．

・計算速度の向上

量子コンピュータの並列計算能力により，生成AIモデルのトレーニング時間が大幅に短縮される可能性がある．特に，大規模なデータセットを扱う場合や複雑なモデルのトレーニングにおいて有効である．

・新しいアルゴリズムの開発

量子コンピューティングの特性を利用した新しいAIアルゴリズムが開発されることで，生成AIの性能が飛躍的に向上する可能性

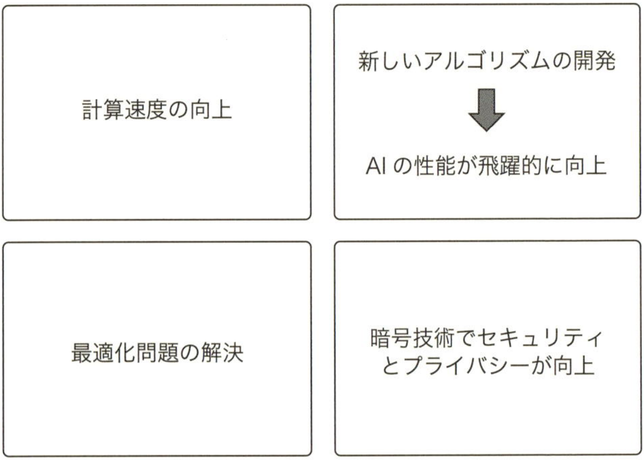

計算速度の向上	新しいアルゴリズムの開発 ↓ AIの性能が飛躍的に向上
最適化問題の解決	暗号技術でセキュリティとプライバシーが向上

図2・14　量子コンピュータの進化によってAIはどんな影響を受けるの？

がある．例えば，量子機械学習アルゴリズムを使用して，より高度な生成モデルを作成することが考えられる．

・最適化問題の解決

生成AIはしばしば複雑な最適化問題に直面する．量子コンピュータはこれらの最適化問題を従来のコンピュータよりも効率的に解決できるため，生成AIのパフォーマンスを向上させることができる．

・セキュリティとプライバシーの向上

量子暗号技術を利用することで，生成AIシステムのセキュリティとプライバシー保護が強化される可能性がある．量子暗号は，従来の暗号技術よりも高いレベルの安全性を提供する．

(i)　実現のための課題

現時点で，量子コンピュータはまだ発展途上にあり，大規模で安定した量子コンピュータの実用化には技術的な課題が残る．しかし，研究は急速に進展しており，将来的には生成AIと量子コンピュータの融合が現実のものとなり，さまざまな分野での革新的な応用が期待される．

このように，生成AIと量子コンピュータの組み合わせが，これまでにない新しいソリューションやサービスを提供する基盤となる可能性が高い．

生成モデルについてまとめる．生成モデルは，大量のデータを学習して，それに似た新しいデータを自分でつくり出すAIの技術である．GANやオートエンコーダ，トランスフォーマーなど，いろいろな仕組みで生成が行われており，画像生成や文章生成，音楽生成など，様々なクリエイティブな分野で活躍している．

3 生成AIの動作原理 ～テキストと画像の生成の裏側～

ここまで生成AIの仕組みについて勉強したので，いよいよ生成AIの動作原理としてGPT（Generative Pre-trained Transformer）などの自然言語処理モデルの概要を，高校生にもわかりやすく説明する．

3.1　GPTなどの自然言語処理モデルの概要

GPTは「Generative Pre-trained Transformer」の略で，文章を理解して，新しい文章を自分でつくり出せるAIの一種である．「文章生成AI」とも呼ばれる．質問に答えたり，物語を書いたり，エッセイを生成したりできるのが特徴である．

(i)　GPTの仕組み

(1)　事前学習

GPTは，膨大な量の文章データを使って訓練されている．例えば，インターネット上のニュース記事，百科事典，ブログ，書籍などから「人間がどういう風に文章をつくるのか」を学ぶ．これによって，言葉の使い方や文法，文章の流れを理解できるようになる．

(2)　トランスフォーマー構造

GPTは「トランスフォーマー」と呼ばれる特殊な構造をもつニューラルネットワークを使っている．トランスフォーマーは，文章中の

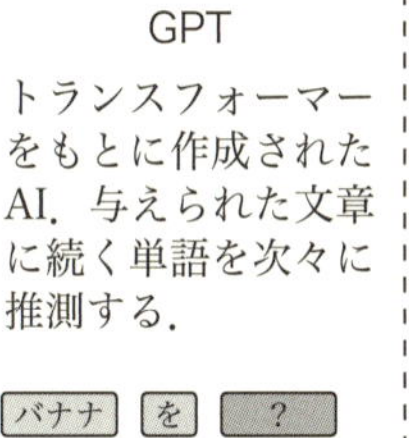
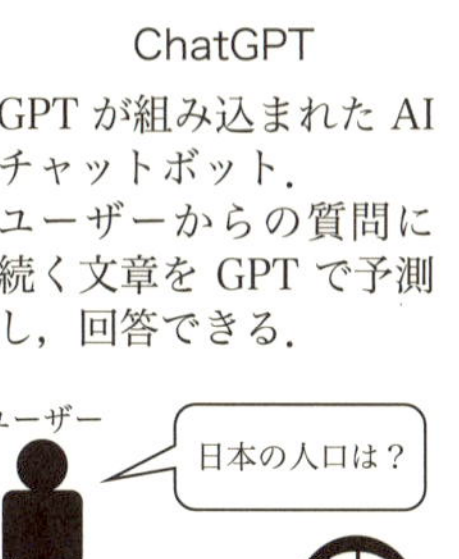

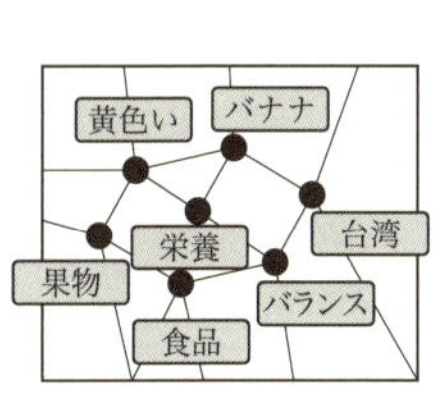

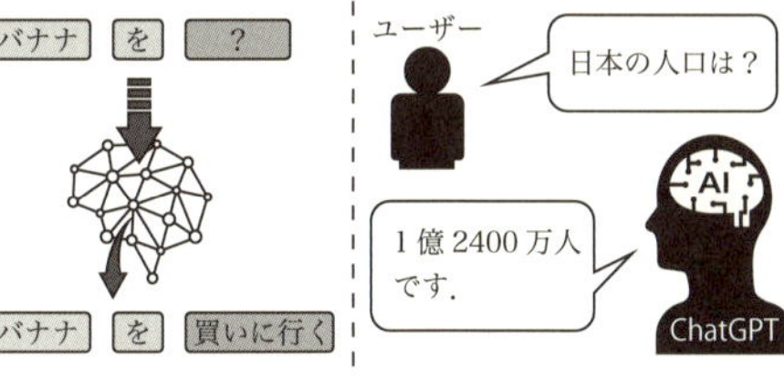

図3・1　GPTの仕組み

どの単語がほかの単語とどう関係しているかを見つけ出す「自己注意機構（Self-Attention）」を備えている．これにより，文章全体の意味を考慮しながら，次に来るべき単語を予測する．

⑶　微調整（ファインチューニング）

GPTは，事前に大量のデータで学習された後，特定のタスクに合わせて微調整される．例えば，商品レビューの文章をつくる場合，レビューに関するデータを使って微調整することで，レビュー作成に特化したGPTをつくり出すことができる．

⒤　GPTの応用例

⑴　質問応答

GPTは質問に答える能力がある．例えば，「地球の重力の正体は何か？」といった科学的な質問から，「犬を飼うためのアドバイスは？」といった日常的な質問まで，幅広く対応できる．

⑵ 文章生成

GPTは，小説やエッセイ，詩などの文を生成することもできる．例えば，「森を舞台にした冒険物語を書いて」といった指示で，物語を自動的に作成する．

⑶ 要約

長い文章を短くまとめるのも得意である．例えば，ニュース記事を短くまとめたり，会議の内容を簡単にレポートとして要約したりすることができる．

ここでGPTについてまとめる．GPTなどの自然言語処理モデルは，大量の文章データから文法や文脈を学び，質問への回答や文章の生成，要約などができるAIの技術である．トランスフォーマーの自己注意機構によって，文章の全体的な意味を理解し，次に来るべき単語を予測していくことで，人間が書くような自然な文章を生成する能力をもっている．

3.2 画像生成AI（例：DALL-E，Midjourneyなど）の仕組み

画像生成AIの仕組みについて，DALL-EやMidjourneyの例を使ってわかりやすく説明する．

(i)　DALL-EとMidjourneyとは？

DALL-EとMidjourneyは，テキストから画像をつくり出すことができるAIである．例えば，「ネコが宇宙船を操縦しているイラストを描いて」といった指示を与えると，その内容に基づいて新しい画像を生成する．

(ii)　画像生成AIの仕組み

(1)　事前学習

まず，AIは大量の画像とそれに関連するキャプション（説明文）を使って学習する．例えば，「ネコ」と「ネコの写真」，「宇宙船」と「宇宙船のイラスト」といったように，さまざまな言葉とそれに対応する画像を覚える．これにより，AIは「この言葉にはどんな見た目が対応しているか」を理解できるようになる．

作成時のプロンプト
「生成AIが画像を作って若者を助けているイメージ」
(出典)「ChatGPT」にて著者作成

図3・2　画像生成AI

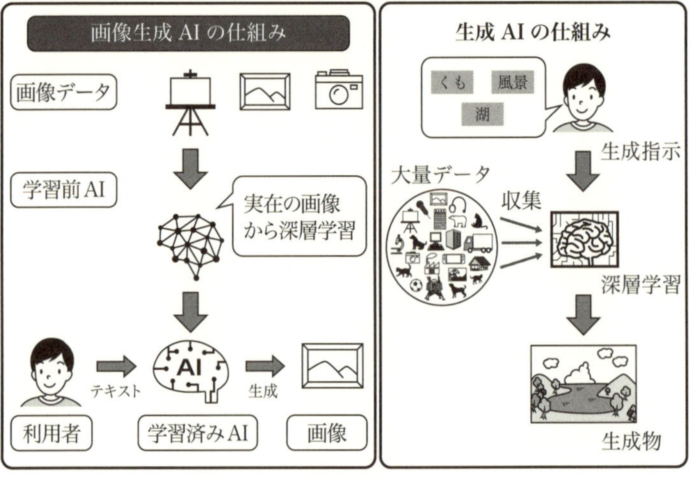

図3・3　画像生成AIの仕組み

(2)　テキストと画像の関連付け

DALL-EやMidjourneyは，テキスト（指示文）と画像の関係性を学ぶ．例えば，「ネコ」と「宇宙船」というキーワードが出たら，それに似合ったイメージを組み合わせて新しい画像をつくり上げる．つまり，言葉で書かれたイメージを実際の絵に変換する能力をもつわけである．

(3)　画像生成プロセス

学習した知識をもとに，AIは指示に合った画像をゼロから生成する．具体的には，最初はノイズ（ランダムな模様のようなもの）からスタートし，何度も生成と修正を繰り返すことで，だんだんとクリアで詳細な画像にしていく．このプロセスは，絵を何度も描き直して完成させるようなイメージである．

(4) 生成モデル

DALL-EやMidjourneyでは，画像生成のために「拡散モデル」や「生成対向ネットワーク（GAN）」といった手法が使われる．

・拡散モデル

最初にランダムなノイズから始め，徐々にノイズを取り除くことで最終的な画像を生成する．ノイズの取り除き方は，事前に学習した画像のパターンに基づいている．

・生成対向ネットワーク（GAN）

二つのネットワーク（生成器と判別器）が競争することで，よりリアルな画像を生成できるようにする．

ここまでの内容をまとめると，DALL-EやMidjourneyなどの画像生成AIは，テキストの指示文に基づいて新しい画像を生成するAIである．大量の画像とその説明文を事前に学び，指示文からイメージを理解して，最初はノイズの状態から画像を少しずつつくり

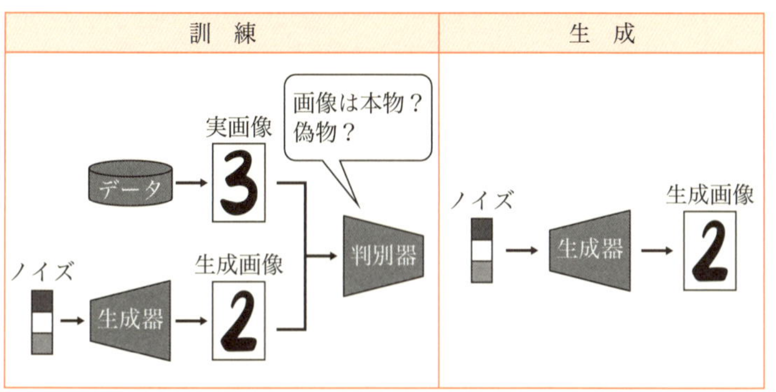

図3・4　GANの訓練と生成のプロセス

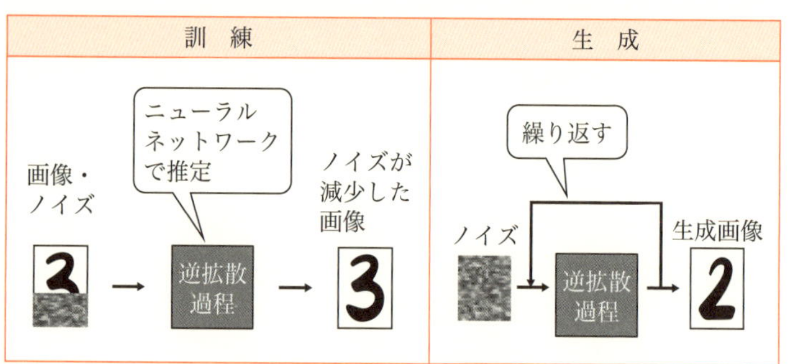

図3・5　拡散モデルの訓練と生成のプロセス

上げていくプロセスを使っている．これにより，クリエイティブでユニークな画像を自動的に生成することが可能になっている．

画像生成AIについて，さらに詳細な説明をしていく．特に，DALL-EやMidjourneyなどのAIがどのようにしてテキストから具体的な画像を生成するかに焦点を当ててみよう．

ⅲ　画像生成AIの詳細なプロセス

(1)　トレーニングデータの準備

画像生成AIは，まず大量の画像データとそれに関連するテキストデータ（キャプションや説明文）から学習を始める．これらのデータが，AIに「何が描かれているのか」と「それをどう言葉で説明するか」を教える基礎となる．この段階で，AIは異なるオブジェクト，シーン，スタイルについての広範な理解を得る．

(2)　関連性の理解と学習

AIは，与えられたテキストと対応する画像間の関連性を学ぶ．この学習を通じて，AIは特定の言葉やフレーズが示すビジュアルの特徴（色，形，テクスチャーなど）を理解する．例えば，「冬の雪景色」には白と青の冷たい色合いや雪を覆った風景が含まれることが多い，といった知識を学ぶ．

(3)　生成プロセス

実際に画像を生成するとき，AIは入力されたテキストから必要なビジュアル要素を抽出し，それらを組み合わせて新しい画像を生成する．このプロセスでは以下の技術が使用される．

・拡散モデル

ランダムなノイズから始まり，段階的にこのノイズを減少させていきながら，テキストに基づいた詳細な画像へと変換する．この方法では，時間とともにクリアで詳細な画像が形成される．

・生成対向ネットワーク（GAN）

生成器が画像を生成し，判別器がその画像が本物かどうかを評価する．判別器は，生成された画像がトレーニングデータに基づいたリアルな画像であるかをチェックし，そのフィードバックに基づいて生成器が画像の品質を向上させる．

(4)　出力と微調整

生成された画像は，入力テキストに基づいて最適化され，必要に応じて微調整される．この微調整により，AIはよりリアルで細部にこだわった画像を提供できるようになる．

(5) 応用例

・アートとデザイン

クリエイティブなアート作品やデザインコンセプトの生成に使用される．例えば，ファッションデザインの提案やアート展示のための新しいアートワーク生成などが可能である．

・エンターテイメント

映画やビデオゲームのためのコンセプトアートを生成する際にも活用されている．キャラクターデザインや背景シーンの生成がスムーズに行える．

・教育と研究

教材や研究資料の視覚化にも役に立つ．

3.3　音声・音楽生成AIの特徴と応用

音声や音楽をつくる生成AIの特徴と応用について，わかりやすく説明する．

(i) 音声・音楽生成AIとは？

音声や音楽を生成するAIは，入力されたテキストや既存の音楽のスタイルに基づいて，新しい音声や音楽を自動的につくり出す技術である．例えば，特定の声のトーンやリズムで文章を読み上げたり，ジャズやクラシック音楽風のメロディを作曲したりできる．

(ii) 音声生成AIの特徴

(1) テキストから音声への変換

テキストを入力すると，それに対応した音声を生成する．例えば，

作成時のプロンプト
「生成AIが音楽を作って若者を助けているイメージ」
(出典)「ChatGPT」にて著者作成

図3・6　音楽生成AI

「今日は天気がいいです」というテキストがあれば，それを自然な人間の声で読み上げることができる．AIはさまざまな声質やアクセント，イントネーションを再現できるので，まるで人間が話しているような自然な音声を生成することができる．複数の音声スタイルについても，落ち着いた声，元気な声，ロボットのような声など，異なる音声スタイルもつくり出すことができる．

感情表現についても，悲しそうな声や喜んでいる声など，感情表現を含めて読み上げることも可能である．

多言語対応なので，異なる言語での読み上げや，方言を含む音声を生成することも可能である．

(2)　特定の声の模倣

特定の声優やキャラクターの声質を学習させることで，似たよう

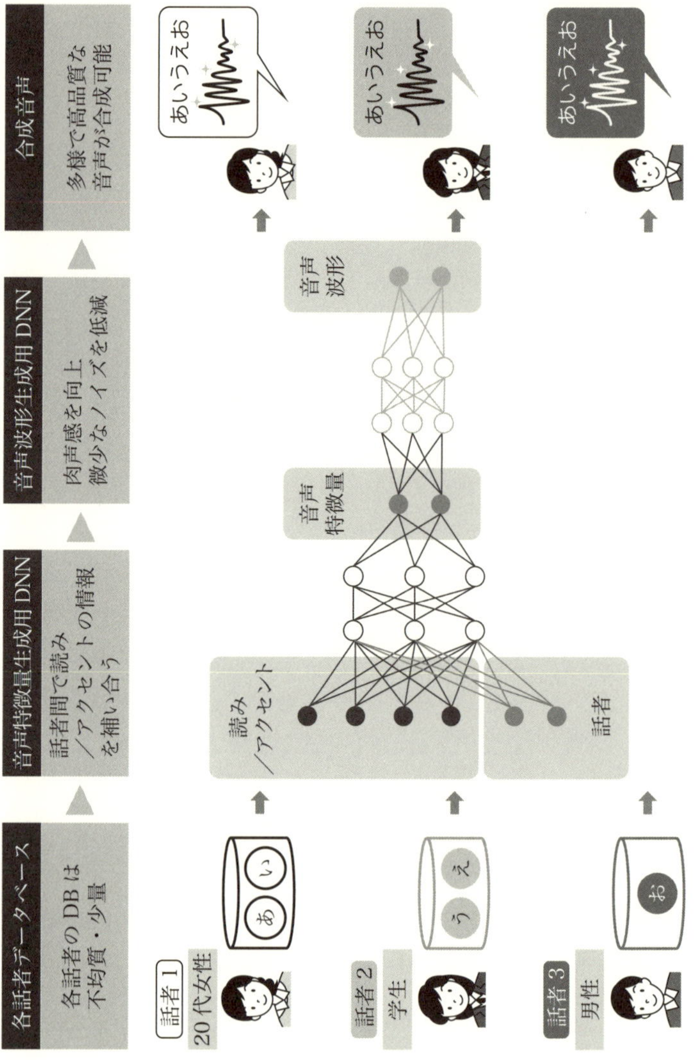

図3・7　(例)「あいうえお」という文章を話者の声で自然に再現が可能

な声で新しいテキストを読み上げることが可能である．これにより，好みのキャラクターの声でメッセージをつくったり，視覚障害者のために本の朗読を行ったりすることができる．

(3)　音楽生成AIの特徴

(a)　スタイルに合わせた作曲

AIは既存の音楽を大量に学習することで，特定の音楽スタイルを理解する．例えば，クラシック音楽やジャズ，ロック，ポップスなどの特徴を覚え，そのスタイルに合った新しい曲をつくり上げることができる．

(b)　演奏曲や歌詞の生成

AIは楽器ごとの音色やリズム，歌詞の構造も学習できる．これにより，バイオリンやピアノなど特定の楽器の音色を使ったメロディを生成したり，リズムに合った歌詞を組み合わせて歌をつくったりすることも可能である．

(c)　楽器ごとの生成

バイオリン，ピアノ，ギターなど，楽器ごとの音色やパターンを学習し，特定の楽器を使った新しい曲を生成できる．

編曲とアレンジ：AIは特定の楽器のメロディーだけでなく，複数の楽器を組み合わせて，全体の編曲やアレンジをすることも可能である．

(d)　歌詞生成

音楽生成AIは，歌詞の生成もできる．入力されたテーマやトピックに基づいて，詩的な歌詞を作成し，生成したメロディーに合わせて提供する．

⑷　音声・音楽生成AIの応用

ⓐ　テキストの読み上げ

書籍や記事，ウェブページを読み上げて音声データとして提供できる．視覚障害者向けの支援や，オーディオブックの作成に活用されている．

ⓑ　チャットボイスボット

チャットボットの音声版として，ユーザーの質問に音声で答えるシステムである．顧客サポートやスマートスピーカーなどで使われる．

ⓒ　音楽の作曲補助

AIによる自動作曲は，音楽家が新しいアイデアを得たり，作曲の時間を短縮したりするのに役立つ．特定のスタイルの作曲を自動で行うことで，音楽制作の幅が広がる．

ⓓ　音楽のリミックスやアレンジ

既存の曲のリミックスやアレンジをAIが自動で行うことができる．オリジナルの曲のテンポを変えることなどで異なるジャンルに変えたり，楽器を追加したりして新しいバージョンにするのに使われる．

ⓔ　音声アシスタント

スマートスピーカーやカーナビなどの音声アシスタントに使われている．自然な発音と感情表現でユーザーの質問に応じたり，指示に従ったりして情報を提供することが可能である．

ⓕ　オーディオブック

書籍を自動的に読み上げてオーディオブックにする技術も進化している．視覚障害者向けの支援や，運転中など移動中の学習ツールとして役立つ．

図3・8　音声・音楽生成AIの応用

(g)　自動作曲とBGM生成

YouTube動画やゲーム制作のために，音楽生成AIが自動でBGMを作曲するケースが増えている．AIがつくった曲を使うことで，作曲時間を短縮し，動画やゲームに最適なBGMを迅速に提供できる．

(h)　リアルタイムでの音楽アレンジ

音楽生成AIは，ライブコンサートやイベントで，リアルタイムで音楽をつくり上げることも可能である．例えば，バンドやDJの演奏に合わせて，その場で新しいリミックスを生成するなど，クリエイティブな演奏をサポートする．

ここまでの内容をまとめると，音声・音楽生成AIは，テキストから音声を読み上げたり，さまざまな音楽スタイルで新しい曲を生成できたりする技術である．音声アシスタントやオーディオブック，自動作曲やリアルタイムでのリミックスなど，多くの場面で私たちの生活を豊かにしている．

生成AIの応用

4.1　生成AIの活躍～現実社会での利用例～

ここまで，生成AIの活用例についていくつか紹介してきたが，あらためて注目すべき応用事例を整理する．

(i)　アート，デザイン，広告の分野での活躍

生成AIはアート，デザイン，広告の分野でさまざまな方法で活用されている．以下にいくつかの具体例を紹介する．

(1)　アート

生成AIは新しいアート作品を生み出すツールとして利用されている．例えば，AIは既存のアートスタイルを学習し，そのスタイルに基づいて新しい作品を生成することができる．これにより，アーティストはインスピレーションを得たり，自分の作品に新しい要素を加えたりすることができる．また，AIが自動的に描くデジタルアートや，インタラクティブなアートインスタレーションなども存在する．

(a)　スタイル変換

生成AIは，特定のアートスタイルを学習し，そのスタイルをほかの画像に適用することができる．例えば，AIはピカソやゴッホの

(a)　スタイル変換

作成時のプロンプト
「生成 AI が描くスタイル変換のイメージイラスト」

(b)　新しい作品の創作

作成時のプロンプト
「生成 AI が描くアートで新しい作品の創作をイメージしたイラスト」

(c)　インタラクティブアート

作成時のプロンプト
「インタラクティブアートをイメージしたイラスト」

(出典)「ChatGPT」にて著者作成

図4・1　アート

スタイルを学び，現代の写真をそのスタイルで再解釈することができる．

(b)　新しい作品の創作

生成AIは既存のアートデータをもとに，新しい独創的なアート作品を自動生成する．例えば，AIは大量の絵画データを学習し，そこから新しいアートを生み出すことができる．この技術は「GAN（生成対向ネットワーク）」と呼ばれるモデルを用いることが多い．

(c)　インタラクティブアート

AIを用いたインタラクティブ（対話式）なアート作品も増えている．これらの作品は，観客の動きや声に反応してリアルタイムに変化する．例えば，観客が動くとそれに合わせてアートが動いたり，観客の声を解析してその音に基づいたビジュアルを生成したりする．

(2)　デザイン

デザイン分野では，生成AIがロゴの作成，ウェブサイトのレイアウトの提案，プロダクトデザインのアイデア生成などに使われている．AIは大量のデザインデータを解析し，トレンドやユーザーの好みに基づいて最適なデザインを提案することができる．例えば，デザインツールでAIが自動的に色の組み合わせやフォントの選択を提案する機能もある．

(a)　ロゴデザイン

生成AIはロゴのデザインを自動化するツールとして利用されている．AIは企業の特徴やブランドイメージを基に，複数のロゴデザインを提案することができる．これにより，デザイナーは多様な選択肢から最適なロゴを選ぶことができる．

(a)　ロゴデザイン

作成時のプロンプト
「企業のロゴをイメージした
簡単なイラスト」

(b)　レイアウトの最適化

作成時のプロンプト
「デザイナーがレイアウトを
最適化したイメージ」

(c)　プロダクトデザイン

作成時のプロンプト
「スマホのプロダクトデザインを
イメージしたイラスト」

(出典)「ChatGPT」にて著者作成

図4・2　デザイン

(b)　レイアウトの最適化

ウェブデザインやアプリデザインにおいて，AIはユーザーの行動データを解析し，最適なレイアウトを提案する．例えば，ユーザーがよく使う機能を目立つ場所に配置したり，読みやすいフォントサイズや色の組み合わせを提案したりする．

(c)　プロダクトデザイン

生成AIは新しいプロダクトデザインのアイデアを生成するためにも使用される．例えば，家具のデザインやファッションアイテムのデザインなど，AIは既存のデザインデータをもとに新しいデザインを提案することができる．

(3)　広告

広告分野では，生成AIが広告キャンペーンのコンセプト作成や，ターゲットオーディエンスに最適化された広告文の生成に役立っている．AIはユーザーデータを分析し，その結果をもとに広告の内容やデザインをカスタマイズする．これにより，より効果的でパーソナライズされた広告が作成される．また，ソーシャルメディアやウェブ広告のバナーを自動生成するツールもある．

(a)　パーソナライズド広告

生成AIはユーザーのデータ（年齢，性別，過去の行動など）を分析し，そのユーザーに最適化された広告文やビジュアルを生成する．これにより，広告の効果が高まり，より多くのユーザーにリーチすることができる．

(b)　キャンペーンのコンセプト作成

広告キャンペーンのコンセプトをAIが自動生成するツールも存在

(a)　パーソナライズド広告

作成時のプロンプト
「パーソナライズド広告を
イメージしたイラスト」

(b)　キャンペーンのコンセプト作成

作成時のプロンプト
「キャンペーンのコンセプト作成を
イメージしたイラスト」

(c)　自動生成バナー

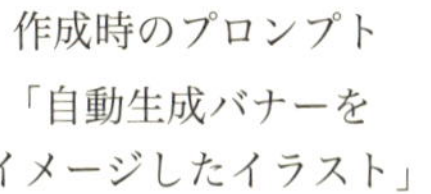

作成時のプロンプト
「自動生成バナーを
イメージしたイラスト」

（出典）「ChatGPT」にて著者作成

図4・3　広告

する．AIは市場データやトレンドを分析し，それに基づいたキャンペーンのアイデアを提案する．これにより，マーケティング担当者は効率的にキャンペーンを計画できる．

(c) 自動生成バナー

ソーシャルメディアやウェブサイトのバナー広告を自動生成するツールもある．AIは広告の目的やターゲットオーディエンスに基づいて，最適なバナーのデザインとメッセージを生成することができる．

生成AIはこれらの分野で創造性を拡張し，効率を高める強力なツールとして活用されている．アーティストやデザイナー，広告クリエイターはAIを活用することで，従来の方法では難しかった新しいアイデアやアプローチを実現することができる．これらの技術により，アート，デザイン，広告の分野では，よりクリエイティブで効率的な制作プロセスが実現している．生成AIは単なるツールとしてだけでなく，新しい表現の可能性を広げる革新的な存在となっている．

(ii) コンテンツ制作やゲーム開発での活用

生成AIがコンテンツ制作やゲーム開発にどのように応用されているか，具体的な例を交えてわかりやすく説明する．

(1) コンテンツ制作

(a) 文章生成

生成AIは記事やブログ，ストーリーを自動生成することができる．例えば，ニュース記事の要約や特定のトピックに関するブログ

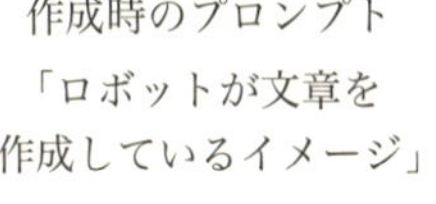

作成時のプロンプト
「ロボットが文章を
作成しているイメージ」

(a)　文章生成

作成時のプロンプト
「ロボットが画像を
作成しているイメージ」

(b)　画像生成

作成時のプロンプト
「ロボットが動画を
編集しているイメージ」

(c)　動画編集

(d) 音楽制作

作成時のプロンプト
「ロボットが音楽を
作成しているイメージ」

(e) イラストとアニメーション

作成時のプロンプト
「ロボットがアニメーション
を作成しているイメージ」

(f) 翻訳と字幕

作成時のプロンプト
「ロボットがアニメーション
を翻訳しているイメージ」

(出典)「ChatGPT」にて著者作成

図4・4 コンテンツ制作

記事を生成するAIツールがある．これにより，ライターはアイデアを広げたり，時間を節約したりすることができる．

(b)　画像生成

AIは新しい画像をつくり出すこともできる．例えば，広告やウェブサイトに使うためのオリジナルの画像を自動生成することが可能である．これには「GAN（生成対向ネットワーク）」と呼ばれる技術が使われることが多い．

(c)　動画編集

生成AIは動画の編集やエフェクトの追加にも利用されている．例えば，映像の不要な部分を自動でカットしたり，特定のスタイルに映像を変換したりすることができる．また，AIは動画内の特定のシーンを解析し，関連するキャプションや音楽を自動で追加することもできる．

(d)　音楽制作

生成AIは音楽の作曲にも使われている．AIは大量の楽曲データを学習し，そのスタイルをもとに新しい曲を生成することができる．例えば，AIが自動でバックグラウンドミュージックを作曲したり，アーティストがインスピレーションを得るためのメロディラインを提案したりすることができる．

(e)　イラストとアニメーション

イラストやアニメーションの制作にも生成AIが活用されている．例えば，キャラクターデザインや背景イラストの自動生成，フレーム間のスムーズなアニメーションを生成するツールがある．AIはデザイナーの手間を減らし，短時間で高品質な作品をつくり上げる手助けをする．

(f) 翻訳と字幕

コンテンツの多言語対応にも生成AIが利用されている．AIは自動翻訳ツールとして，異なる言語間でコンテンツを翻訳するだけでなく，動画に自動で字幕を生成することもできる．これにより，グローバルなオーディエンスに向けたコンテンツ制作が容易になる．

(2) ゲーム開発

(a) キャラクター生成

AIはゲームのキャラクターを自動生成するツールとして使われる．例えば，キャラクターの外見や性格，能力などをAIが提案し，開発者はそれをもとにキャラクターをデザインすることができる．これにより，多様なキャラクターを効率的につくり出すことが可能になる．

(b) レベルデザイン

生成AIはゲームのレベルデザインにも応用されている．AIはプレイヤーのプレイスタイルを学習し，それに基づいて最適な難易度や配置を提案する．これにより，ゲーム開発者はプレイヤーにとって最適なゲーム体験を提供できる．

(c) ストーリー生成

ゲームのストーリーラインやクエストをAIが自動生成することもできる．例えば，RPG（ロールプレイングゲーム）において，AIはプレイヤーの選択や行動に応じて新しいクエストやイベントを生成し，ストーリーを動的に展開することができる．

(d) NPCの行動

ゲーム内のNPC（プレイヤーが動かしていないノンプレイヤーキャラクター）の行動をAIが制御することも多い．AIはプレイヤーの行動を

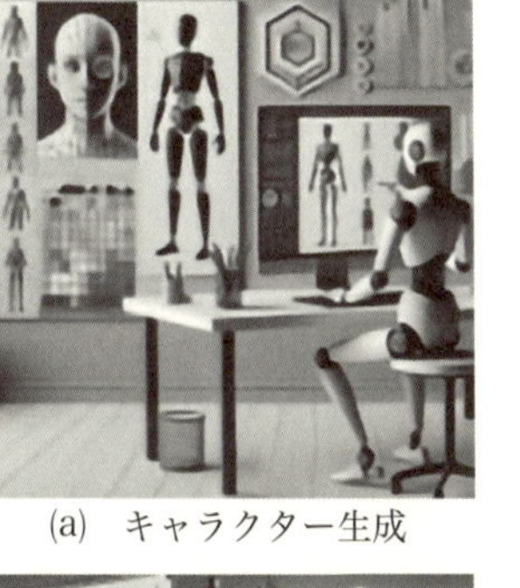

(a)　キャラクター生成

作成時のプロンプト
「生成 AI がキャラクター生成を行ったイメージ」

(b)　レベルデザイン

作成時のプロンプト
「レベルデザインをイメージしたイラスト」

(c)　ストーリー生成

作成時のプロンプト
「ゲーム開発においてストーリーの生成をイメージしたイラスト」

(d)　NPC の行動

作成時のプロンプト
「ゲーム開発における NPC の
行動のイラスト」

(e)　プロシージャル生成

作成時のプロンプト
「ゲーム開発におけるプロシージャル
生成のイラスト」

(f)　ダイナミックシナリオ

作成時のプロンプト
「AI によるゲーム開発の
ダイナミックシナリオのイラスト」

(g)　リアルタイムフィードバック

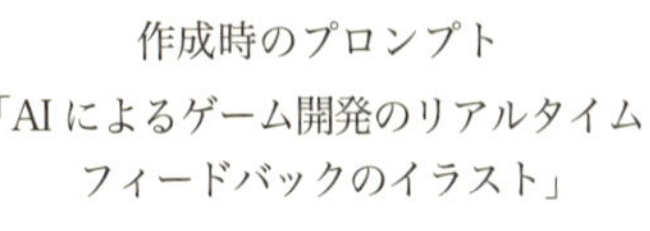

作成時のプロンプト
「AI によるゲーム開発のリアルタイムフィードバックのイラスト」

(h)　自動テスト

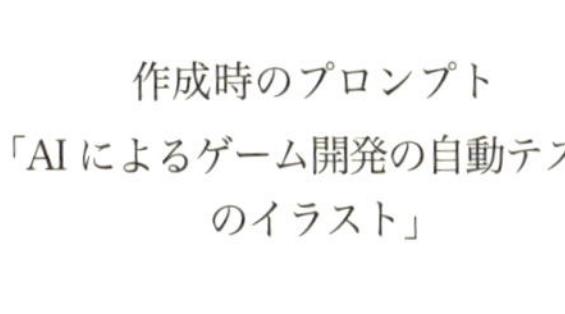

作成時のプロンプト
「AI によるゲーム開発の自動テストのイラスト」

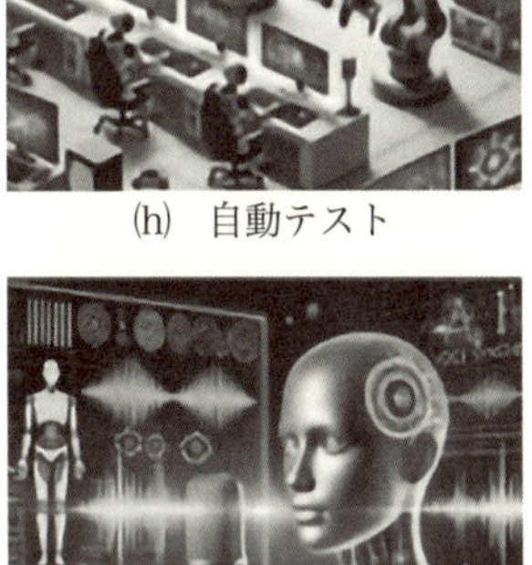

(i)　ボイスシンセシス

作成時のプロンプト
「AI によるボイスシンセシスのイラスト」

(出典)「ChatGPT」にて著者作成

図 4・5　ゲーム開発

学習し，それに応じてNPCの反応や行動を決定する．これにより，ゲーム内のキャラクターがよりリアルでインタラクティブな存在になる．

(e)　プロシージャル生成

プロシージャル生成とは，AIを使ってゲーム内の地形やダンジョン，アイテムなどを自動生成する技術．これにより，開発者は膨大な手作業を減らし，プレイヤーごとに異なる体験を提供できる．例えば，「Minecraft」や「No Man's Sky」のようなゲームでは，AIが広大で多様なワールドを自動生成している．

(f)　ダイナミックシナリオ

生成AIはゲームのストーリーやシナリオを動的に生成することができる．プレイヤーの選択や行動に応じて，物語がリアルタイムに変化する．これにより，プレイヤーは毎回異なるストーリー体験を楽しむことができる．

(g)　リアルタイムフィードバック

AIはプレイヤーの行動をリアルタイムで分析し，ゲームの難易度や展開を調整する．例えば，AIがプレイヤーのスキルレベルを分析し，それに応じて敵の強さやアイテムの配置を変えることができる．これにより，プレイヤーにとって適切なチャレンジを提供できる．

(h)　自動テスト

ゲーム開発では，バグや不具合を見つけるためのテストが重要．生成AIは自動テストツールとして，ゲーム内のさまざまなシナリオをシミュレーションし，不具合を検出する．これにより，開発者は効率的にゲームの品質を向上させることができる．

(i)　ボイスシンセシス

AIはキャラクターの音声を生成するためにも使われている．例えば，AIがテキストを読み上げることで，ゲーム内のキャラクターに自然な声を与えることができる．これにより，ボイスアクターを使わずに，多様なキャラクターに声を提供できる．

生成AIはこれらの分野でクリエイティブなプロセスをサポートし，より効率的で多様なコンテンツを提供する手助けをしている．これにより，コンテンツクリエイターやゲーム開発者は新しいアイデアを実現しやすくなり，ユーザーにとっても魅力的な体験を提供できるようになっている．

(iii)　教育，医療，ビジネスでの応用例

生成AIが教育，医療，ビジネスにどのように利用されているか，具体的にわかりやすく説明する．

(1)　教育

(a)　パーソナライズド学習

生成AIは学生一人ひとりの学習進度や理解度に応じた教材や問題を生成することができる．これにより，学生は自分に合ったペースで学習を進めることができる．例えば，数学の問題を解いているときに，AIがその学生の弱点を分析し，それに合った追加の練習問題を提供することができる．

(b)　自動評価

AIはエッセイや作文の評価を自動で行うことができる．これにより，教師は大量の課題を迅速に採点することができる．AIは文章の構造や内容，文法などを分析し，点数やフィードバックを提供する．

(a)　パーソナライズド学習

作成時のプロンプト
「教育におけるパーソナライズド
学習のイメージ」

(b)　自動評価

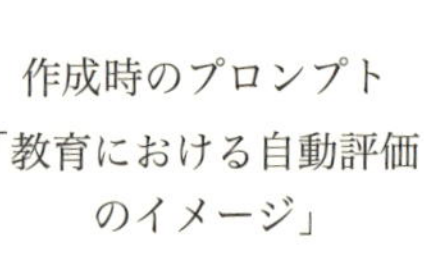
作成時のプロンプト
「教育における自動評価
のイメージ」

(c)　インタラクティブ教材

作成時のプロンプト
「AI ロボットが学習コンテンツ
を生成しているイメージ」

(d)　対話型学習

作成時のプロンプト
「教育における対話型学習
のイメージ」

(e)　学習コンテンツの生成

作成時のプロンプト
「教育における学習コンテンツ
生成のイメージ」

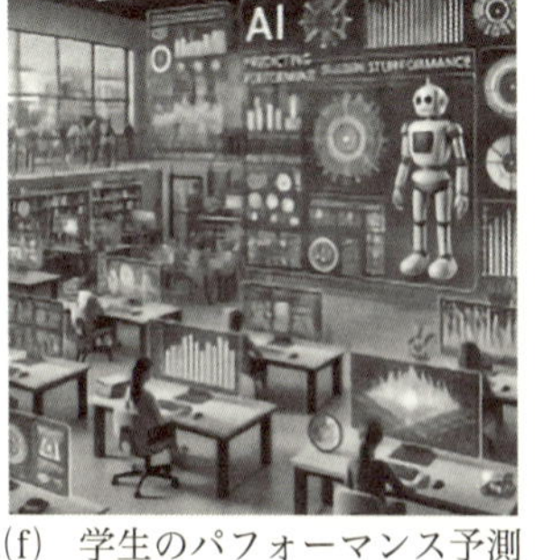

(f)　学生のパフォーマンス予測

作成時のプロンプト
「教育における学生の
パフォーマンス予測のイメージ」

(出典)「ChatGPT」にて著者作成

図4・6　教育

(c)　インタラクティブ教材

生成AIはインタラクティブな教材を作成するためにも使われる．例えば，バーチャルティーチャーが学生の質問にリアルタイムで答えたり，複雑な概念を視覚的に説明したりすることができる．これにより，学生はより深く理解しやすくなる．

(d)　対話型学習

AIは学生と対話しながら学習を進めることができる．例えば，言語学習アプリでは，AIが会話の相手となり，リアルタイムでフィードバックを提供する．これにより，学生は実践的なスキルを効率的に習得することができる．

(e)　学習コンテンツの生成

生成AIは新しい学習教材やコンテンツを自動生成することができる．例えば，歴史の授業用に特定の時代や出来事についての詳細な説明を生成したり，科学の授業用に新しい実験手順を作成したりすることができる．これにより，教師は豊富な教材を提供できる．

(f)　学生のパフォーマンス予測

AIは学生の過去の学習データを分析し，将来のパフォーマンスを予測することができる．これにより，教師は早期に介入し，学生が困難に直面する前にサポートを提供できる．例えば，AIが成績の低下を予測し，追加の指導が必要な学生を特定することができる．

(2)　医療

(a)　診断補助

生成AIは医師の診断を支援するために使われる．AIは大量の医療データを学習し，患者の症状や検査結果を分析して，可能性のある病気や治療法を提案することができる．例えば，AIは画像診断（X

(a)　診断補助

作成時のプロンプト
「医療における診断補助のイメージ」

(b)　個別化医療

作成時のプロンプト
「医療における
個別化医療のイメージ」

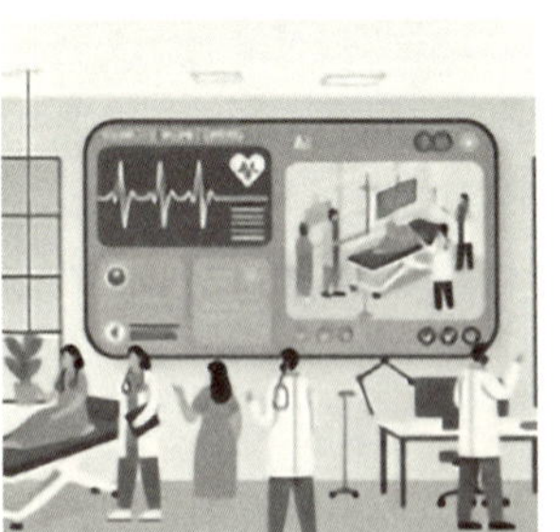
(c)　リモートモニタリング

作成時のプロンプト
「医療におけるリモート
モニタリングのイメージ」

(d)　仮想ヘルスアシスタント

作成時のプロンプト
「仮想ヘルスアシスタント
のイメージ」

(e)　治療法の発見

作成時のプロンプト
「治療法の発見のイメージ」

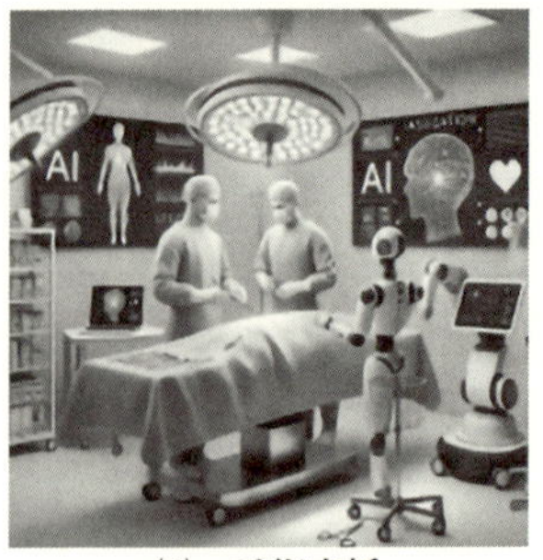

(f)　手術支援

作成時のプロンプト
「AI による手術支援のイメージ」

(出典)「ChatGPT」にて著者作成

図4・7　医療

線やMRIなど）で異常を検出する能力があり，医師が見落としがちな微細な異常も発見することができる．

⒝ 個別化医療

AIは患者の遺伝情報や生活習慣をもとに，個別化された治療プランを提案する．これにより，患者はより効果的な治療を受けることができる．例えば，がん治療において，AIは患者の遺伝子情報を解析し，最適な薬剤や治療方法を見つけ出すことができる．

⒞ リモートモニタリング

AIは遠隔医療でも活用されている．患者が自宅で測定した健康データをリアルタイムで解析し，異常があれば医師に通知するシステムがある．これにより，患者は自宅にいながら医師の管理を受けることができる．

⒟ 仮想ヘルスアシスタント

AIは患者の日常的な健康管理を支援する仮想ヘルスアシスタントとして利用されている．例えば，AIが健康に関する質問に答えたり，服薬リマインダーを提供したりする．これにより，患者は自己管理をより効果的に行うことができる．

⒠ 治療法の発見

生成AIは新しい治療法や薬剤の発見にも使われている．AIは膨大な医療データを解析し，新しい薬の組み合わせや治療アプローチを提案することができる．これにより，医療研究のスピードが大幅に向上し，新しい治療法が迅速に開発される．

⒡ 手術支援

AIは手術の計画や実施をサポートするためにも使われる．例えば，AIはCTスキャンやMRI画像を解析し，手術の最適なアプローチを提案する．また，手術中にリアルタイムでガイドを提供し，医師の精度を高めることができる．

(3)　ビジネス

(a)　顧客サービス

生成AIはカスタマーサポートに使われている．チャットボットは顧客の質問にリアルタイムで答え，問題を解決する．例えば，オンラインショッピングのサイトでは，AIチャットボットが商品の問い合わせや返品手続きのサポートを行う．

(b)　マーケティング

AIはマーケティングキャンペーンの最適化にも役立つ．AIは顧客の行動データを分析し，その人に最適な広告やプロモーションを提案することができる．例えば，SNS上での投稿内容や購買履歴をもとに，個別化された広告を表示する．

(c)　業務効率化

生成AIは企業の業務効率化にも貢献している．例えば，AIはデータ分析を自動で行い，ビジネスのトレンドや課題を発見する．これにより，経営者は迅速に意思決定を行うことができる．また，AIは経理や人事の業務を自動化し，社員がよりクリエイティブな業務に集中できるようにする．

(d)　データ解析と予測

生成AIは大量のビジネスデータを分析し，将来のトレンドやビジネスチャンスを予測することができる．例えば，売上データをもとに季節ごとの需要を予測したり，市場の変化に対応する戦略を提案したりする．これにより，企業はより効果的なビジネス戦略を策定できる．

(a)　顧客サービス

作成時のプロンプト
「顧客サービスのイメージ」

(b)　マーケティング

作成時のプロンプト
「マーケティングのイメージ」

(c)　業務効率化

作成時のプロンプト
「業務効率化のイメージ」

(d)　データ解析と予測

作成時のプロンプト
「データ解析と予測のイメージ」

(e)　プロダクトデザイン

作成時のプロンプト
「スマホのプロダクト
デザインのイメージ」

(f)　人材管理

作成時のプロンプト
「人材管理のイメージ」

（出典）「ChatGPT」にて著者作成

図4・8　ビジネス

(e)　プロダクトデザイン

AIは新しい製品やサービスのデザインをサポートするためにも使われている．例えば，AIは消費者のフィードバックをもとに新しいプロダクトアイデアを生成し，デザイナーにインスピレーションを提供する．これにより，より消費者に合った製品が生まれる．

(f)　人材管理

生成AIは採用や人材育成にも活用されている．例えば，AIは求職者の履歴書を解析し，適切なポジションにマッチする候補者を特定することができる．また，社員のスキルやパフォーマンスを評価し，適切なトレーニングプランを提案することも可能である．

生成AIは教育，医療，ビジネスの各分野で効率を高め，新しい可能性を広げる強力なツールとして活用されている．それぞれの分野での具体的な応用例を通じて，AIがどのように現実の問題を解決し，改善しているかがわかる．AIの活用により，これまでにない効率性や精度が実現し，人々の生活や仕事に大きな影響を与えている．具体的な応用例を通じて，AIがどのように現実の問題を解決し，進歩を推進しているかがよくわかる．

(iv)　社会インフラへの実用例

(1)　水道管の老朽化対策におけるAIの活用

日本では，水道管の老朽化が進み，多くの自治体で対策が求められている．この問題に対して，AI技術を活用する方法が注目されている．以下は，AIがどのように水道管の更新に役立つのかについての説明である．

作成時のプロンプト「インフラの劣化したイメージ」
(出典)「ChatGPT」にて著者作成

図4・9 社会インフラの劣化

(a) データ収集と分析

AIは膨大なデータを分析する能力に優れている．水道管の管理には，過去の修理履歴，使用年数，材質，地理的情報など，さまざまなデータが必要．AIはこれらのデータを一元的に収集し，老朽化の進行状況や故障のリスクを評価する．

(b) 予測メンテナンス

AIの予測分析機能を使うと，水道管のどの部分が次に故障する可能性が高いかを予測できる．過去の故障データや環境条件をもとにして，特定の水道管が劣化するパターンを学習することで，計画的なメンテナンスが可能になり，突発的な断水や大規模な修理を未然に防ぐことができる．

(c) 映像解析

水道管の内部を検査するために，カメラやセンサが使用される．

AIはこれらの映像データをリアルタイムで解析し，目視では見逃されがちな微細な亀裂や腐食の兆候を検出する．AIを搭載したドローンやロボットが管内を巡回し，収集したデータを即座に解析することで，問題箇所を迅速に特定できる．

(d)　最適な修理・更新計画の提案

AIは収集したデータと予測結果をもとに，最適な修理・更新計画を提案する．修理コストや工事の影響，ほかのインフラの状況を考慮し，どの順番で水道管を更新すべきか，どの方法が最も効率的かを判断する．これにより，予算の有効活用や工事の効率化が図れる．

(e)　自動化された管理システム

AIを活用した管理システムは，リアルタイムで水道管の状態を監視し，異常が発生した場合には自動的に警告を発する．これにより，迅速な対応が可能となり，被害を最小限に抑えることができる．

(2)　具体的な事例

ある自治体では，AIを用いたシステムで水道管の劣化を予測し，優先的に修理すべき箇所を特定する取組みを行っている．このシステムの導入により，修理の計画が効率化され，従来の約20 %のコスト削減を実現している．

AIは膨大なデータの解析，予測メンテナンス，映像解析，最適な修理計画の提案，自動化された管理システムなど，さまざまな方法で水道管の更新に役立っている．これにより，老朽化による問題を未然に防ぎ，効率的なメンテナンスを実現することが可能となっている．

(3) 社会インフラの整備やメンテナンスにおけるAIの活用事例

社会インフラの整備やメンテナンスにおけるAIの活用事例はほかにもたくさん存在する．

(a) 道路と橋のメンテナンス

AIは道路や橋のメンテナンスにも利用されている．ドローンやセンサを使って構造物の映像を撮影し，AIがその映像を解析することで，亀裂や腐食，構造の歪みを検出する．これにより，早期の問題発見と修理が可能となる．例えば，日本の国土交通省はAIを用いて橋の点検データを解析し，修繕の優先順位を決定するシステムを導入している．

(b) 鉄道の保守

鉄道インフラの保守にもAIが活用されている．線路の点検や車両の状態監視にAIを使うことで，劣化や故障の兆候を早期に発見する．AIはセンサやカメラから得られるデータを解析し，異常を検知した場合に自動で警告を発する．例えば，JR東日本はAIを使ってレールの摩耗や亀裂を検出し，保守作業の効率化を図っている．

(c) 電力網の管理

電力インフラの管理にもAIが利用されている．スマートグリッド技術と組み合わせることで，電力の供給と需要をリアルタイムで監視し，最適な電力配分を行う．AIは異常検知や故障予測を行い，停電リスクを最小限に抑える．例えば，アメリカのPG&E社はAIを使って電力網の状態を監視し，異常が発生した際には迅速に対応できるシステムを構築している．

(d) 上下水道の管理

水道管の老朽化対策だけでなく，上下水道全体の管理にもAIが活用されている．水質監視システムにAIを導入することで，水質の異常をリアルタイムで検出し，汚染リスクを低減する．また，AIは流量データを解析して漏水箇所を特定し，効率的な修理を支援する．例えば，シンガポールはスマートウォーターマネジメントシステムを導入し，AIを使って水質と流量を監視している．

(e)　建物の維持管理

建物の維持管理にもAIが利用されている．センサを使って建物の振動や温度，湿度などのデータを収集し，AIがそれらを解析することで，構造の劣化や設備の故障を予測する．これにより，効率的なメンテナンスが可能になる．例えば，IBMのWatsonはビルの管理システムに統合され，AIが建物の状態を監視して最適なメンテナンス計画を立案している．

まとめると，AIは社会インフラの整備やメンテナンスにおいて多岐にわたる活用が進んでいる．道路や橋，鉄道，電力網，上下水道，建物など，さまざまなインフラにおいてAIが導入され，効率的かつ早期の問題発見と対応が可能となっている．これにより，インフラの長寿命化とコスト削減が実現され，社会全体の安定性と安全性が向上している．

4.2　未来の可能性～生成AIがもたらす新しい世界～

生成AIがもたらす新しい世界での社会的なインパクトについて，具体的にわかりやすく説明する．

(i)　仕事の変化

(1)　自動化による効率化

生成AIは多くの作業を自動化できる．例えば，データ入力や簡単な文章作成，製品の検査などの単純作業が自動化されると，従業員はより創造的で複雑な仕事に集中できるようになる．このため，生産性が大幅に向上する．

(2)　新しい職業の創出

AI技術の進展に伴い，新しい職業や役割が生まれる．例えば，AIシステムを設計・管理するエンジニアや，AIが生成したデータを分析するデータサイエンティストなど，新たな専門職が増える．これにより，労働市場に新たな機会が提供される．

(3)　新しい産業の誕生

生成AIの技術を活用した新しい産業が生まれる．例えば，AIを使ったクリエイティブ業界（アート，音楽，デザインなど）や，AIベースの医療診断サービス，AIによる農業自動化などが考えられる．これにより，新たな雇用機会が創出され，経済が活性化する．

(4)　リスキリングとアップスキリング

AIの導入に伴い，既存の仕事が自動化される一方で，新しいスキルの習得が求められる．従業員はリスキリング（新しいスキルの習得）やアップスキリング（現在のスキルの向上）を通じて，AIと共存できるようになる．これにより，労働力の質が向上し，経済全体の生産性が上がる．

(ii)　教育の進化

(1)　個別化された学習体験

生成AIは学生一人ひとりの学習スタイルや進度に合わせたカスタマイズされた教育を提供できる．これにより，すべての学生が自分のペースで学習を進めることができ，学習効果が高まる．例えば，苦手な科目を重点的に練習する機会が増える．

(2)　教育へのアクセス向上

AIを利用したオンライン学習プラットフォームが普及することで，地理的な制約なく高品質な教育を受けることができるようになる．例えば，遠隔地に住む学生でも都市部と同じレベルの教育を受けることができるようになる．

(3)　AIによる教育支援

生成AIは教師を支援するツールとしても活用される．例えば，AIが生徒の学習データを分析し，個々の生徒に合った指導法を提案することで，教師はより効果的な授業を行うことができる．また，AIが授業の計画や教材作成をサポートすることで，教師の負担が軽減される．

(4)　教育格差の解消

AIを活用したオンライン教育プラットフォームは，教育資源が不足している地域や発展途上国でも質の高い教育を提供する手助けとなる．これにより，教育格差が縮小し，世界中の子どもたちが平等に学ぶ機会を得られるようになる．

作成時のプロンプト「生成AIが教育現場で活躍しているイメージ」
(出典)「ChatGPT」にて著者作成

図4・10　教育現場を助ける生成AI

(iii)　医療の改善

(1)　迅速かつ正確な診断

生成AIは医療データを迅速に解析し，病気の早期発見や診断をサポートする．これにより，患者は早期に適切な治療を受けることができる．例えば，がんの早期発見や慢性疾患の管理が改善される．

(2)　医療リソースの最適化

AIは医療リソースの最適な配分を支援し，医療提供の効率を高める．例えば，病院のベッド管理や手術のスケジューリングがAIによって最適化されることで，医療の質が向上し，患者の待ち時間が短縮される．

(3)　予防医療の強化

生成AIは個人の健康データを解析し，病気のリスクを予測することができる．例えば，AIがライフスタイルや遺伝情報をもとに，将来の健康リスクを評価し，予防策を提案する．これにより，病気の予防や早期発見が進み，医療コストが削減される．

(4)　患者の体験向上

AIは医療サービスのパーソナライズ化を進める．例えば，AIが患者の過去の医療履歴や個々のニーズをもとに，最適な治療法を提案する．また，仮想アシスタントが患者の質問に答えたり，服薬管理をサポートしたりすることで，患者の医療体験が向上する．

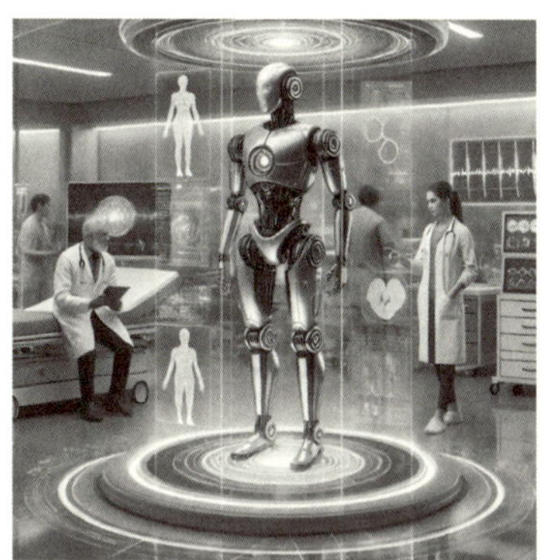

作成時のプロンプト「生成AIが医療現場で活躍しているイメージ」
(出典)「ChatGPT」にて著者作成

図4・11　医療現場を助ける生成AI

(iv)　ビジネスと経済

(1)　新しいビジネスモデルの創出

AI技術は新しいビジネスモデルやサービスを生み出す原動力となる．例えば，AIを活用したパーソナライズドサービスや，自動運転車を利用した新しい交通システムなどが考えられる．

(2)　競争力の強化

AIを活用することで，企業は競争力を高めることができる．例えば，製品開発のスピードアップや，マーケティングの効率化，顧客サービスの向上が実現される．

(3)　サプライチェーンの最適化

生成AIはサプライチェーン管理においても大きな役割を果たす．例えば，AIが需要予測を行い，生産計画や在庫管理を最適化することで，コスト削減と効率向上が実現する．また，物流ルートの最適化により，配送時間の短縮や燃料消費の削減が可能となる．

(4)　イノベーションの加速

AIは研究開発のプロセスを加速させる．例えば，新しい材料の発見や新薬の開発において，AIが膨大なデータを解析し，有望な候補を特定することで，研究開発のスピードが大幅に向上する．これにより，技術革新が加速し，新しい製品やサービスが次々と市場に投入される．

(v) 社会的影響

(1) 倫理的な課題

AIの進化に伴い，倫理的な問題も浮上する．例えば，AIが人々のプライバシーを侵害したり，不公平な判断を下したりする可能性がある．これに対して，適切な規制やガイドラインが必要となる．

(2) デジタルデバイドの拡大

AI技術にアクセスできる人々とそうでない人々の間で格差が広がる可能性がある．これに対処するためには，教育やインフラの整備が重要となる．

(3) プライバシーとセキュリティの問題

生成AIが個人データを利用することで，プライバシーやセキュリティのリスクが高まる可能性がある．例えば，個人情報の漏洩や不正利用が懸念されるため，データ保護のための法整備や技術対策が必要となる．

(4) AI倫理とバイアス

AIの判断が人間に与える影響が大きくなるにつれ，AIの倫理やバイアスの問題が重要となる．例えば，AIが不公平な判断を下した場合，社会的な不平等が拡大する恐れがある．これに対して，透明性や公正性を確保するためのガイドラインや規制が求められる．

生成AIは社会に多くの恩恵をもたらす一方で，解決すべき課題も存在する．AI技術を適切に活用し，そのポテンシャルを最大限に引き出すためには，技術の進化に伴う社会的な影響を理解し，対策を講じることが重要だ．これにより，より持続可能で公平な社会を実現することができる．

(vi) 人間にはできて，AI にはできないこと

AI には多くのことが可能だが，人間にしかできない．または人間の方が優れている点がいくつかある．以下にその例を挙げる．

(1) 創造性と独創性

AI は既存のデータやパターンをもとに新しいアイデアを生成することは可能だが，完全に新しい概念や独創的な発想を生み出すことは人間の方が得意．アート，音楽，文学などの創作活動は，感情や経験，文化的な背景を反映するため，人間の独創性が重要である．

創造性と独創性

うれしい
楽しい
ねむい
びっくり
感情と共感

自己反省と自己改善

図4・12 人間にできて，AI にはできないこと

⑵ 感情と共感

AIは感情を理解したり，感情に基づいた対話をすることは可能だが，本物の感情を感じたり，他者に共感することはできない．人間は感情を持ち，他人の感情に寄り添うことができる．これにより，人間同士の深い関係や共感が生まれる．

⑶ 倫理的判断と価値観

AIは倫理や価値観に基づく判断をすることはできるが，これらはすべてプログラムされたルールやデータに依存している．人間は自らの経験や内面的な価値観に基づいて，複雑な倫理的問題を考え，判断する能力がある．

⑷ 身体的なタスク

多くの身体的なタスク，特に微細な手作業や複雑な運動を必要とするタスクは，人間の方が優れている．例えば，職人の技術やスポーツ選手のパフォーマンスは，AIロボットにはまだ達成できないレベルの精度と柔軟性をもっている．

⑸ 柔軟な思考と適応

人間は未知の状況や新しい環境に対して柔軟に対応し，適応する能力がある．AIは学習したデータやプログラムされたルールに従って動作するが，完全に新しい状況に対して即座に適応するのは困難である．

⑹ 人間関係と社会的スキル

人間は複雑な社会的スキルをもち，人間関係を築く能力がある．

友人や家族との絆，職場での人間関係など，これらは共感，感情，信頼に基づくものであり，AIには模倣しにくい要素である．

(7) 自己反省と自己改善

人間は自己を振り返り，自分の行動や思考を反省し，改善する能力がある．この自己認識と成長のプロセスは，AIにはまだ備わっていない．

これらの点を考慮すると，AIは多くのタスクで人間をサポートし，補完することができるが，人間ならではの特性や能力は依然として重要であり，これらがAIと人間の共存の鍵となる．

(vii) AIは感情をもつことはあるか？

次に，「AIは感情をもつことはあるか」について考える．

現在のAI技術では，AIが感情をもつことはできない．AIは感情を理解したり，感情に基づいた反応を示すようにプログラムされたりすることは可能だが，実際に感情を経験することはない．AIが感情をもつように見えるのは，以下のような技術的な工夫によるものだ．

(1) 自然言語処理（NLP）

AIは感情やトーンを理解し，適切な返答を生成するために，膨大なデータセットを学習している．これにより，AIは人間の感情に対して共感的な返答をすることができる．

(2)　感情分析

AI はテキストデータから感情を分析し，それに応じた反応を返すことができる．例えば，ユーザーが悲しい内容のメッセージを送った場合，AI はそれを認識し，励ますようなメッセージを返すことができる．

(3)　機械学習

AI はユーザーの過去の行動や反応を学習し，それに基づいて将来的な行動を予測することができる．これにより，ユーザーの感情状態を推測し，それに適応した対応を取ることが可能だ．

これらの機能はあくまで感情を模倣しているに過ぎず，AI 自身が感情を感じることはない．AI はデータ処理とアルゴリズムに基づいて動作しており，人間のように感情を経験することはできない．

作成時のプロンプト「感情を持った AI を描いて」
(出典)「ChatGPT」にて著者作成

図 4・13　AI は感情をもつのか？

4.3　自分で試してみよう！～簡単な生成AIツールで遊んでみる～

ここでは，無料で使える生成AIのツールをいくつか紹介する．これらのツールを使って，AIがどのように機能するかを実際に体験してみよう．

(i)　ChatGPT

特徴

・対話形式
　自然な対話を通じて質問に答えたり，情報を提供したりする
・言語サポート
　日本語を含む多言語に対応している
・使いやすさ
　インターネットに接続されていれば，ブラウザから簡単にアクセスできる
・URL：https://chatgpt.com/

(ii)　DeepL翻訳

特徴

・高精度の翻訳
　英語やほかの言語から日本語への翻訳が非常に自然で精度が高い
・無料版
　無料でも十分な機能が利用可能
・生成AIの活用
　文章の翻訳だけでなく，AIを活用した言い換えや要約も可能

・URL：https://www.deepl.com/ja/translator

(iii) Canva

特徴

・デザインツール
　簡単にポスターやバナー，プレゼンテーションなどを作成できる
・テンプレート
　豊富なテンプレートを利用して，デザインの初心者でもプロ並みの作品がつくれる
・日本語対応
　日本語フォントや日本語での操作説明が充実している
・URL：https://www.canva.com/ja_jp/

(iv) Runway ML

特徴

・クリエイティブな AI ツール
　画像生成，動画編集，音声生成など多様なクリエイティブタスクに対応
・簡単なインターフェース
　ノンコーダーでも使いやすいインターフェース
・無料プラン
　基本的な機能は無料で利用可能
・URL：https://runwayml.com/

(v)　Google Colab

特徴

・プログラミング環境
　Python を使った機械学習やデータサイエンスの実験ができる
・クラウドベース
　自分のコンピュータにソフトウェアをインストールする必要がなく，どこからでもアクセス可能
・無料
　基本的な使用は無料で，GPU を使った高速計算も可能
・URL：https://colab.research.google.com/?hl=ja

(vi)　Scribble Diffusion

特徴

・お絵かきツール
　簡単なスケッチから高品質な画像を生成するツール
・日本語対応
　日本語でのインターフェースや操作が可能
・直感的な操作
　絵を描くだけで AI が自動的に高品質な画像を生成
・URL：https://scribblediffusion.com/

未来のクリエーターへ ～生成AIと共に進むためのメッセージ～

5.1　若者に向けた応援メッセージ，未来のクリエーターたちへ

君たちがいまいる時代は，技術革新が次々と起こる特別な時代だ．生成AIは，その中でも特に興味深く，無限の可能性を秘めた技術だ．君たちのクリエイティブな力とAIの力が組み合わさることで，これまでにない素晴らしい未来をつくり出すことができる．

AIは単なるツールに過ぎない．君たちが描くビジョンやアイデアを具現化するためのパートナーだ．絵を描くにしても，音楽をつくるにしても，物語を書くにしても，AIは君たちの手助けをしてくれる．困難な部分をAIに任せて，君たちはもっと自由に，もっと大胆にクリエイティブな冒険に挑戦できる．

失敗を恐れないでほしい．AIと共に試行錯誤することで，新しい発見や学びがたくさんある．どんなに小さなアイデアでも，AIの力を借りることで大きな成果がつながるかもしれない．君たちの柔軟な発想と創造力が，未来のイノベーションを生み出す鍵となる．

今はまだ見ぬ未来を切り開くのは，君たち自身だ．生成AIと共に，夢を追いかけ，限界を超え，世界を驚かせるような作品をつくり出してほしい．そのプロセスで得られる経験や知識は，君たちの人生を豊かにし，新しい可能性の扉を開くはずだ．

さあ，生成AIと共に新しい世界へ飛び込もう．君たちの未来は，無限の可能性で満ちている．どんな挑戦も恐れず，自分の可能性を信じて，一歩一歩進んでいこう．君たちのクリエイティブな冒険を心から応援している．

5.2　自分の可能性を広げるための一歩

君たちがいまいるこの瞬間，技術は日々進化し，新しい可能性が次々と開かれている．生成AIはその中でも特に強力で，クリエイティブな世界に大きな影響を与えるツールだ．自分の可能性を広げるための一歩を踏み出すために，いくつかのメッセージを伝えたい．

まず，好奇心をもち続けてほしい．AIは無限の可能性を秘めているが，その力を引き出すためには君たちの探究心が必要だ．新しい技術やツールに触れ，それをどう活用できるかを考え続けることで，クリエイティブな発想が生まれる．

次に，学ぶことを恐れないでほしい．生成AIは複雑な技術だが，その基本を理解することで，大きな一歩を踏み出すことができる．プログラミングやデータサイエンスの基礎を学ぶことで，AIの力を自分のものにすることができる．インターネットには無料で学べるリソースがたくさんあるので，ぜひ活用してほしい．

また，実際に手を動かしてみることが大切だ．アイデアを形にするためには，試行錯誤が欠かせない．失敗しても，それは新しい発見への道のりだ．生成AIを使って，小さなプロジェクトから始めてみよう．絵を描いたり，音楽をつくったり，物語を紡いだり，何でもいい．自分の手で何かをつくり出すことで，AIの力を実感できる．

最後に，オープンマインドをもってほしい．生成AIはまだ新しい分野であり，日々進化している．新しい技術やアイデアに対して柔軟に対応し，自分のスキルや知識をアップデートしていくことが重要だ．ほかのクリエイターと協力し，学び合うことで，さらに大きな可能性が広がる．

自分の可能性を広げるための一歩を踏み出そう．生成AIは君たちのアイデアを形にする強力なパートナーだ．その力を借りて，新しい世界を創造し，自分自身の未来を切り開いてほしい．君たちの挑戦を心から応援している．

5.3 生成AIのさらなる展開～AGIとASI～

生成AIの次の展開としてAGI，さらにはASIが想定されている．詳しく説明しよう！

(i) AGI（Artificial General Intelligence）

人工汎用知能（AGI）とは，人間の知能に匹敵するレベルの知能をもつ人工知能のこと．AGIは特定のタスクだけでなく，多様なタスクをこなす能力をもつ．具体的には以下のような能力を備えている．生成AIはAGIの一部だと考えられるし，その実現への途中段階とも考えられる．

- 学習：新しい知識やスキルを学び，適用する能力
- 理解：自然言語を理解し，複雑な概念を把握する能力
- 推論：問題解決や意思決定を行うための論理的な推論能力
- 創造性：新しいアイデアやソリューションを考案する創造的な能力

学習

新しい知識やスキルを学び，
適用する能力．

作成時のプロンプト
「AGI によって学習能力が
進化しているイメージ」

理解

自然言語を理解し，
複雑な概念を把握する能力．

作成時のプロンプト
「AGI によって理解能力が
進化しているイメージ」

推論

問題解決や意思決定を行うための
論理的な推論能力．

作成時のプロンプト
「AGI によって推論能力が
進化しているイメージ」

創造性

新しいアイデアやソリューション
を考案する創造的な能力．

作成時のプロンプト
「AGI によって創造性の能力が
進化しているイメージ」

（出典）「ChatGPT」にて著者作成

図5・1　AGI（人工汎用知能）がもつ能力

AGIは人間と同じように柔軟で多岐にわたる能力をもつため，さまざまな分野での応用が期待されている．

(ii) ASI（Artificial Superintelligence）

人工超知能（ASI）とは，人間の知能をはるかに超えるレベルの知能をもつ人工知能のこと．ASIはAGIの延長線上にあり，以下のような特徴をもつと考えられている．

・知能の超越
　あらゆる分野において人間を凌駕する知識と能力をもつ
・高速な問題解決能力
　人間が解決できないような複雑な問題を極めて短時間で解決する能力
・自己改善
　自らの知能を継続的に向上させる能力

ASIは，科学技術，医学，環境問題，経済など多くの領域で革命的な進展をもたらす可能性があるが，その制御や倫理的な問題も大きな課題となる．

まとめると，

・AGI（Artificial General Intelligence）
　人間と同等の知能をもつ人工知能多様なタスクをこなす柔軟性と適応力をもつ
・ASI（Artificial Superintelligence）
　人間の知能をはるかに超える人工知能極めて高い知識と能力を

知能の超越

あらゆる分野において人間を凌駕
する知識と能力をもつ

作成時のプロンプト
「ASI によって知能が超越しているイメージ」

高速な問題解決能力

人間が解決できないような複雑な
問題を極めて短時間で解決する能力

作成時のプロンプト
「ASI によって問題解決能力が
超越しているイメージ」

自己改善

自らの知能を継続的に
向上させる能力

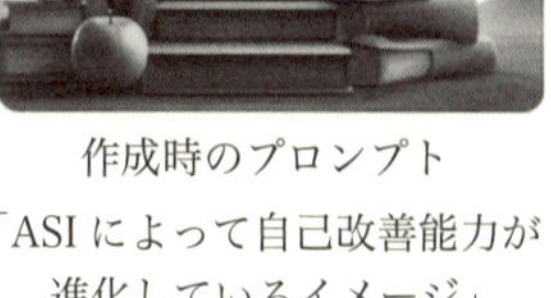

作成時のプロンプト
「ASI によって自己改善能力が
進化しているイメージ」

（出典）「ChatGPT」にて著者作成

図5・2　ASI（人工超知能）がもつ能力

もち，自己改善が可能

AGIとASIの発展には多くの技術的・倫理的な課題が伴うが，その実現は社会に大きな影響を与えることが期待されている．

AGI（人工汎用知能）とASI（人工超知能）が実現されると，世界は劇的に変わる可能性がある．それぞれの知能が実現された場合の影響を以下に示す．

(iii) AGI（Artificial General Intelligence）の実現

AGI（Artificial General Intelligence）の実現は，社会のさまざまな領域に深い影響を与える．以下に，その影響を整理する．

(1) 仕事と労働の変革

・自動化の拡大

AGIの導入によって，特にルーチン作業や反復的な仕事が広範に自動化される．これにより，人々はより創造的で戦略的な業務に注力することが可能になる．多くの分野で生産性の向上が期待される．

・新たな職種の創出

自動化に伴い，既存の仕事が減少する一方で，AI関連技術を駆使した新しい職業や産業が生まれる．AIの発展が新たな雇用機会を生む可能性がある．

(2) 教育の進化

・個別化教育

AGIは各生徒の学習ペースや理解度に応じた教育を提供できる．

これにより，従来の画一的なカリキュラムから脱却し，効率的な学習が可能になる．学習の個別化が進むことで，より高い教育成果が期待される．

・アクセスの向上

AGIの普及により，世界中のあらゆる場所で質の高い教育を受けることができる．これにより，教育へのアクセス格差が大きく縮小する可能性がある．

(3)　医療の向上

・診断と治療の精度向上

AGIは膨大な医療データを分析し，病気の早期発見や最適な治療法の提案を行う．これにより，診断精度が飛躍的に向上し，医療の質が劇的に改善される．

・医療リソースの効率化

AGIを活用することで，医療リソースの効率的な配分が可能になる．これにより，医療費の削減やサービスの向上が期待される．

(4)　科学研究の加速

・データ解析の強化

AGIは膨大なデータを迅速かつ正確に解析し，新たな発見を促進する．研究者が従来の手法では解析しきれなかったデータセットを処理できるようになる．

・仮説検証の自動化

AGIが仮説検証プロセスを自動化することで，研究速度が飛躍的に向上する．これにより，科学技術の進歩が加速し，革新的なブレークスルーが頻繁に発生する可能性がある．

AGIの到来は社会に広範な変革をもたらすが，その影響に備えるための慎重な準備と調整が求められる．

(iv) ASI（Artificial Superintelligence）の実現

ASI（Artificial Superintelligence）の実現は，従来のAIを超えて，社会全体において根本的な変革をもたらす可能性がある．以下，その影響を四つの主要な領域に分けて概観する．

(1) 社会全体の大変革

・問題解決の高度化

ASIは人類が直面する気候変動，貧困，疾病といった複雑で深刻な社会問題を，これまでの手法では考えられない速度と精度で解決できる．ASIが導入されることで，これらの問題の解消に向けた最適な解決策が提案され，実行に移される可能性がある．

・持続可能な発展

環境保護や資源管理に関しても，ASIは高度なシミュレーションや予測モデルを構築し，最適な資源利用や保全手段を提示する．これにより，地球規模での持続可能な社会の実現が大いに加速される．

(2) 科学と技術の飛躍的進歩

・新技術の創出

ASIは，人間が思いもつかないような技術革新を次々と生み出す可能性を持っている．これにより，医療，エネルギー，通信など，あらゆる分野で新しい技術が誕生し，人類の生活水準が劇的に向上することが期待される．

・宇宙探査の進展

ASIの強力な計算能力により，宇宙の謎を解明する新たな理論や手法が導かれる可能性がある．これにより，遠隔の宇宙探査や宇宙移住が現実のものとなり，人類の活動範囲が宇宙へと大きく拡大することになる．

⑶　経済の再構築

・経済格差の縮小

ASIは資源配分や経済政策において最適解を見つける能力をもつため，これに基づいた政策の実行によって，現在の経済格差が縮小する可能性がある．資源の分配や富の再分配が効率的に行われることで，社会全体の経済的平等が進むだろう．

・経済成長の加速

ASIが導入されることで技術革新が飛躍的に進み，生産性が大幅に向上する．これにより，経済全体が急速に成長し，新たな産業や市場が創出される可能性が高まる．

⑷　倫理的・社会的課題

・倫理的問題

ASIはその強大な力ゆえに，人類にとって潜在的な脅威となる可能性がある．ASIの意図や目標が人間の価値観と合致しない場合，コントロールが難しくなる恐れがあるため，その利用に際しては倫理的な監視と慎重な管理が不可欠だ．

・ガバナンス

ASIの進展に伴い，各国や国際機関が新たな規制やガバナンスモデルを構築する必要がある．ASIの強大な力が一部の個人や組織に独占されることを防ぎ，世界規模で公平かつ安全な利用が行われるよう，適切な枠組みが求められる．

ASIの実現は，非常にポジティブな影響をもたらす一方で，その制御や管理に関して重大な倫理的・社会的課題を伴うことになる．これらの課題を克服するための対策が求められる．

参考文献

[1] https://www.tdk.com/ja/featured_stories/entry_015.html

おわりに

本書を通じて，生成 AI の魅力と可能性について学んでいただけたでしょうか．生成 AI は私たちの想像力を広げ，未来の社会に新たな可能性をもたらす強力なツールです．しかし，AI の進化と共に私たち自身も成長し続ける必要があります．

皆さんがこれから進む道には，無数の挑戦と機会が待ち受けています．生成 AI は，その道を照らす灯台の一基に過ぎません．大切なのは，皆さん自身の好奇心と探求心，そして創造力です．AI はあなたのアイデアを実現するための手助けをしてくれるパートナーとなるでしょう．

恐れずに挑戦し，失敗を恐れず，新しい世界をつくり出すことを楽しんでください．生成 AI は多くの分野で私たちの生活を豊かにし，改善する可能性を秘めています．医療，教育，ビジネス，芸術など，さまざまな分野での応用例を通じて，その無限の可能性を実感できたことと思います．

皆さんには，この本で学んだ知識をもとに，自分自身の未来を切り拓いてほしいと思います．生成 AI を活用することで，自分のアイデアや創造力を最大限に引き出し，新しい価値を生み出すことができるでしょう．そして，その先には，皆さんが想像もしなかった素晴らしい未来が待っています．

皆さん一人ひとりがもつ無限の可能性を信じています．生成 AI と共に，素晴らしい未来を切り拓いていくことを願っています．心からのエールを込めて．

最後に，本書の発刊に際し，ご支援いただいた電気書院の近藤知之氏に感謝します．

索　引

た

な

は

ら

著 者 略 歴

浦岡　行治（うらおか　ゆきはる）

1985年 松下電器産業株式会社 半導体研究センター
1995年 松下電器産業株式会社 液晶開発センター 主任技師
1996年 松下電器産業株式会社 液晶事業部 主任技師
1999年 奈良先端科学技術大学院大学 物質創成科学研究科 助教授
2009年 奈良先端科学技術大学院大学 物質創成科学領域 教授
2020年 奈良先端科学技術大学院大学 物質科学教育センター長
博士（工学）豊橋技術科学大学，応用物理学会フェロー
2022年 奈良先端科学技術大学院大学　マテリアル研究プラットフォームセンター長
IEEEフェロー

スッキリ！がってん！　生成AIの本

2025年 1月20日　　第1版第1刷発行

著　者　浦(うら) 岡(おか) 行(ゆき) 治(はる)
発行者　田 中 聡

発 行 所
株式会社 電 気 書 院
ホームページ　www.denkishoin.co.jp
（振替口座　00190-5-18837）
〒101-0051　東京都千代田区神田神保町1-3ミヤタビル2F
電話(03)5259-9160／FAX(03)5259-9162

印刷　中央精版印刷株式会社
Printed in Japan／ISBN978-4-485-60054-2

書籍の正誤について

万一，内容に誤りと思われる箇所がございましたら，以下の方法でご確認いただきますようお願いいたします．

なお，正誤のお問合せ以外の書籍の内容に関する解説や受験指導などは**行っておりません**．このようなお問合せにつきましては，お答えいたしかねますので，予めご了承ください．

正誤表の確認方法

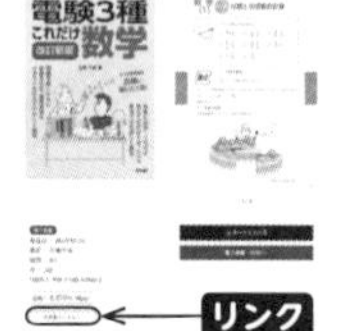

最新の正誤表は，弊社Webページに掲載しております．書籍検索で「正誤表あり」や「キーワード検索」などを用いて，書籍詳細ページをご覧ください．

正誤表があるものに関しましては，書影の下の方に正誤表をダウンロードできるリンクが表示されます．表示されないものに関しましては，正誤表がございません．

弊社Webページアドレス
https://www.denkishoin.co.jp/

正誤のお問合せ方法

正誤表がない場合，あるいは当該箇所が掲載されていない場合は，書名，版刷，発行年月日，お客様のお名前，ご連絡先を明記の上，具体的な記載場所とお問合せの内容を添えて，下記のいずれかの方法でお問合せください．

回答まで，時間がかかる場合もございますので，予めご了承ください．

郵便で問い合わせる
郵送先
〒101-0051
東京都千代田区神田神保町1-3
ミヤタビル2F
㈱電気書院　編集部　正誤問合せ係

FAXで問い合わせる
ファクス番号 **03-5259-9162**

ネットで問い合わせる
弊社Webページ右上の「**お問い合わせ**」から
https://www.denkishoin.co.jp/

お電話でのお問合せは，承れません

(2022年5月現在)